LA PROTECTION DES OISEAUX

Paris. — Typ. E. Best, rue de l'Abbé-Grégoire, 15.

Rouges-Gorges, dessin de Giacomelli.

LA PROTECTION DES

OISEAUX

PAR

EMILE OUSTALET
Docteur ès Sciences
PRÉSIDENT DE LA SOCIÉTÉ ZOOLOGIQUE DE FRANCE

OUVRAGE ILLUSTRÉ
DE CINQUANTE-DEUX GRAVURES SUR BOIS

PARIS
LIBRAIRIE FURNE
JOUVET & Cie, ÉDITEURS
5, RUE PALATINE, 5

LA PROTECTION

DES

OISEAUX

« La classe ailée, la plus haute,
« la plus tendre, la plus sympathique
« à l'homme, est celle que l'homme
« aujourd'hui poursuit le plus
« cruellement. »

MICHELET. *L'Oiseau.*

Lorsque le célèbre voyageur Bougainville débarqua avec ses compagnons sur l'une des îles Malouines, il fut frappé de voir les animaux, qui jusqu'alors avaient été les seuls habitants de cette terre lointaine, s'approcher des marins sans la moindre crainte et ne témoigner à leur égard d'autre sentiment qu'une vive curiosité. Les oiseaux se laissaient prendre à la main et quelques-uns venaient d'eux-mêmes se poser sur les gens qui étaient arrêtés. Cette confiance envers l'homme est naturelle à presque tous les représentants de la gent emplumée; elle se manifeste encore aussi bien chez les Rouges-gorges des grands parcs de l'Angleterre que chez les Merles et les Ramiers qui sont les hôtes des jardins publics de la ville de Paris, et l'on peut affirmer que la plupart des oiseaux ne demanderaient pas mieux que de lier avec nous commerce d'amitié si nous leur faisions bon accueil ou si, du moins, nous cessions de les persécuter. Mais hélas! presque partout l'homme répond à coups de fusil aux tentatives qu'ils font pour se rapprocher de lui.

Bergeronnette jaune.

Que de fois le chasseur, rentrant bredouille, ne s'amuse-t-il pas à décharger son arme sur le premier oiseau qui passe, aussi bien sur une gentille Bergeronnette, sur un innocent Rouge-gorge que sur un Geai, sur une Pie voleuse ou sur un de ces oiseaux noirs, Freux, Choucas, Corbeaux ou Corneilles, que le vulgaire regarde volontiers comme des êtres de mauvais augure! Et, à côté des vrais disciples de Saint-Hubert, qui ne cherchent dans la chasse qu'un exercice ou une distraction, il y a ceux qui veulent y trouver une source de profits et qui ne prennent un permis que pour avoir licence de tuer tout ce qui vole, tout ce qui court et tout ce qui nage. Et ces gens-là sont aujourd'hui légion! Parmi eux il en est même pour qui le port du fusil n'est qu'un prétexte pour exercer un métier illicite, celui de braconnier. Tout en se donnant des allures de Nemrods, ils vont clandestinement relever les gluaux et les collets qu'ils ont déposés aux bons endroits et avec lesquels ils font plus de victimes qu'avec leurs armes de rencontre. Mais, comme le fait observer avec raison M. Tournier, de Genève, dans un Rapport rédigé en 1883, le véritable ennemi de l'oiseau, c'est le *tendeur* de profession, c'est-à-dire le *chasseur sans armes à feu*, un espèce de braconnier qui passe son temps à dresser et à surveiller des pièges et engins de toutes sortes, soit en plein champ, soit à la lisière des bois, ou près des sources, ou dans des vergers et enclos. « Pendant qu'un tireur, armé du meilleur fusil, rapportera de six à douze oiseaux de sa tournée, il y a des jours, dit M. Tournier, où c'est par douzaines et par centaines que le tendeur comptera son triste butin ».

Ces chiffres ne sont nullement exagérés. Un observateur des plus consciencieux et des plus dignes de foi, M. Lescuyer, a constaté, en effet, qu'en 1832, sur la limite du département de la Haute-Marne et de la Moselle, dans un petit bois de 3 kilomètres de long sur 2 kilomètres de large, la même personne prit, en moyenne, du 15 août au 1er octobre, 235 oiseaux par jour, soit 10,575 pièces pour la durée totale de la tendue! « Sur les

10,575 oiseaux, dit M. Lescuyer, il y en avait environ 9,000 de petite taille ou de très petite taille, beaucoup de Rouges-gorges, de Rouges-queues, de Roitelets, ensuite des Pouillots, des Fauvettes, des Rossignols, des Torcols, des Sitelles, peu de Pinsons, de Bruants, de Chardonnerets, etc.

Merle noir.

« Le surplus était composé d'oiseaux de moyenne taille, tels que Grives, Merles, Gros-becs, Pies, Geais; c'est surtout en septembre que se prenaient la plupart des gros oiseaux. »

Cette chasse se poursuivit régulièrement pendant sept ans dans les mêmes conditions, sur d'autres points de la Haute-Marne, de 1840 à 1850. D'après le naturaliste que je viens de citer, à une époque plus rapprochée de nous, en 1871, dans les cantons de Revigny et d'Ancerville (Meuse) et de Saint-Dizier (Haute-Marne), on prit encore 3,480 oiseaux appartenant, à quelques exceptions près, à l'ordre des Passereaux, dans des tendues qui durèrent d'un à trois mois et qui eurent pour théâtres des bois de très faible étendue. Enfin des renseignements recueillis, auprès des tendeurs eux-mêmes, par M. Thomas Grimm, l'auteur d'un article publié dans le *Petit Journal*, le 28 septembre 1891, il résulte que, durant les mois de septembre et d'octobre 1886, on a capturé 15,600 oiseaux, à l'aide de *raquettes*, dans deux forêts communales du département de Meurthe-et-Moselle, forêts dont la superficie totale n'est que de 964 hectares. Sur ces 15,600 oiseaux, il y avait 8,215 Rouges-gorges et Rouges-queues, 2,900 Mésanges, 1,850 Fauvettes, Troglodytes, Roitelets et Rossignols, 1,180 Merles et Grives, 1,020 Pinsons des Ardennes, 350 Pinsons ordinaires et Gros-becs; le reste était formé par des Geais, des Éperviers et des Buses. Mais ces chiffres peuvent être majorés d'un tiers environ, car beaucoup d'individus capturés ont dû être dévorés sur place par les Carnassiers et les Oiseaux de proie ou être volés par les rôdeurs et les gens à gages employés par les tendeurs. En réalité, le nombre total des oiseaux capturés devait être presque égal au nombre des raquettes tendues, qui était de 21,000 pour les deux forêts, et il en était de même, paraît-il, sur toute l'étendue d'un cantonnement forestier où l'on n'avait pas disposé moins de 81,900 raquettes. « Il faut donc compter, dit M. Thomas Grimm, sur autant d'oiseaux détruits, dont plus des trois quarts sont exclusivement insectivores.

« Or, comme il y a 14 cantonnements dans le département, tous aussi hospitaliers les uns que les autres pour nos pauvres auxiliaires aériens, on arrive au chiffre formidable de 1,146,600 oiseaux détruits en Meurthe-et-Moselle en deux mois de chasse. »

Pinson des Ardennes.

Ces chiffres se passent de commentaires. Mais ce dont nos lecteurs ne peuvent se faire une idée, s'ils n'ont eu l'occasion de voir les résultats d'une tendue, c'est de la cruauté du procédé. Les *raquettes*, dont il est question ci-dessus et qui sont aussi désignées sous le nom de *sauterelles*, consistent chacune en une baguette flexible, recourbée de manière à affecter la forme d'un U et maintenue dans un plan vertical au moyen d'un tuteur ou de quelques pierres. Une ficelle double, nouée vers le milieu, s'attachant à l'une des branches de l'U et passant par un trou percé près de l'extrémité de l'autre branche, est tendue au moyen d'une bûchette horizontale. Celle-ci offrant, sur le côté du piège, un perchoir commode, un petit oiseau ne tarde pas à s'y poser sans défiance et la fait aussitôt tomber sous son poids. La baguette se détendant comme un ressort, la pauvre bête se trouve prise par les pattes dans le nœud coulant formé par la ficelle et reste là jusqu'à ce qu'il plaise au tendeur de venir mettre un terme à ses soufffrances. Quel supplice que celui d'un être, follement épris de liberté, qui se trouve brusquement entravé, qui, pendant des heures et des heures, bat fiévreusement des ailes, essaie vainement de dégager ses pattes meurtries du lien qui les enserre et finalement retombe, les membres brisés, la tête pantelante, attendant la mort qui ne vient pas !

Grive musicienne.

Non moins meurtriers, mais un peu moins cruels, parce qu'au moins ils déterminent rapidement la mort de la victime, sont les collets, que les oiseleurs disposent dans des cerceaux, sur les arbres fréquentés par les Grives et qu'ils amorcent avec des fruits sauvages, les lacets qui sont suspendus à une ficelle au travers d'un champ et qui étranglent les Perdrix et les Alouettes cherchant leur nourriture le long des sillons et les *perchées* munie de nœuds coulants qui se dissimulent traîtreusement dans les haies fréquentées par les Fauvettes.

Sur quelques points de notre territoire, l'œuvre de destruction opérée à l'aide de ces engins est complétée à l'aide de gluaux plantés par centaines autour des abreuvoirs où les oiseaux viennent se désaltérer au point du jour, ou fichés dans les branches d'un arbre mort sur lequel on attire les petits Passereaux en imitant le cri de la Chouette, leur bête d'aversion. En hiver, ce sont des claies qui emprisonnent sous leurs mailles les troupes de Bruants, ou des trappes grossières, creusées dans la neige, et dans lesquelles une tuile, en retombant, fait prisonniers les Moineaux affamés; au printemps, ce sont des trébuchets, ou cages à plafond mobile, qui capturent les Rossignols; en automne, de vastes filets doubles qui se rabattent sur les Alouettes fascinées par le jeu du miroir ou attirées par le vol des *muttes* ou *mouvants*, pauvres oiseaux captifs que le tendeur fait agir comme des marionnettes et qui, au bout de quelques jours, sont réduits à l'état de squelettes. Par les nuits sombres, le terrible *traîneau de nuit*, vaste nappe de filet que l'on promène à travers les chaumes, rafle en quelques minutes tous les oiseaux qui dorment dans un champ; au moment des passages, les *pantières* arrêtent les troupes de Bécasses, les hordes de Ramiers, de Bisets et de Colombins; enfin, si j'en crois les journaux, on vient d'inaugurer dans le midi un nouveau système perfectionné qui permet de foudroyer à distance, au moyen d'une batterie électrique, les oiseaux, fatigués d'un long voyage, qui viennent se percher sur les branches d'un arbre entourées de conducteurs métalliques!

Mais, me dira-t-on, comment est-il possible qu'à notre époque, alors que les lois de la chasse paraissent

Pigeon ramier.

si sévères, de pareils massacres s'opèrent impunément? Ceci demande quelques mots d'explication. La loi sur la police de la chasse, qui fut promulguée le 3 mai 1844, n'avait, dans l'esprit du législateur, d'autre but que d'assurer la conservation du gibier dont la diminution rapide, dans notre pays, frappait, dès cette époque, les yeux les moins clairvoyants. Aussi, pour ce qui concerne les oiseaux, cette loi s'occupe-t-elle surtout des Perdrix, des Cailles, des Faisans et des oiseaux de passage et abandonne-t-elle entièrement aux Préfets le soin d'empêcher la destruction des espèces, pourtant si nombreuses, qui ne rentrent pas dans la catégorie du gibier à plume, mais qui jouent un rôle considérable dans l'économie rurale et qui, à ce titre, méritaient d'être l'objet de dispositions spéciales. Bien plus, cette loi de 1844, qui n'a subi en 1874 que des modifications de détails et qui, dans son ensemble, nous régit encore, a eu le très grand tort d'admettre des exceptions au principe si sage qu'elle avait posé et qui stipulait l'interdiction de tout autre genre de chasse que la chasse à tir et à courre et la chasse du Lapin au moyen de bourses et de furets. C'est grâce à ces exceptions que les procédés barbares que j'ai signalés plus haut ont pu continuer à être tolérés ou même autorisés sur certains points de notre territoire alors qu'ils étaient, avec raison, sévèrement défendus sur d'autres points.

Vainement, depuis 1861 jusqu'à ce jour, de nombreuses circulaires, émanant du Ministère de l'Intérieur, ont cherché à remédier au défaut de clarté de la loi en traçant aux Préfets les limites de leurs attributions relativement à la chasse des oiseaux de passage; vainement, la Société protectrice des animaux, à la suite d'un rapport de M. Millet, a sollicité instamment un règlement d'administration publique destiné à combler les lacunes de la loi de 1844; vainement, MM. de la Sicotière, Grivart et le comte de Bouillé ont présenté au Sénat, en 1876, un projet de loi renfermant des dispositions excellentes; vainement, des Rapports ont été présentés, des vœux ont été émis par divers Congrès; les choses restent toujours dans le même état.

De semblables imperfections, des anomalies aussi singulières existent assurément dans la législation d'autres pays; toutefois, on est forcé de reconnaître qu'à l'étranger on s'est préoccupé, plus sérieusement que chez nous, de protéger les oiseaux utiles, leurs nids et leurs couvées. La Belgique, la Grande-Bretagne, la Prusse, la Saxe, la Bavière, l'Autriche, la Suisse, l'Italie et divers États de l'Amérique du Nord possèdent, depuis quelques années, des lois édictant des pénalités sévères contre ceux qui détruisent ou capturent les oiseaux insectivores. Mais ces lois ne sont pas toujours rigoureusement appliquées; elle ne sont pas toujours en harmonie avec celles des pays limitrophes et ne constituent pas avec celles-ci un faisceau de dispositions concordantes assurant partout et en toutes saisons la conservation des espèces dont je plaide ici la cause.

C'est, en effet, une erreur que de croire que tous les oiseaux d'une contrée lui appartiennent en propre et peuvent être anéantis sans qu'il en résulte un sérieux dommage pour les contrées voisines. Sur les 500 et quelques espèces d'oiseaux qui se rencontrent en Europe, il n'y en a qu'un petit nombre qui puissent être considérées comme absolument sédentaires, c'est-à-dire qui résident durant toute l'année dans les pays où elles ont niché. La plupart d'entr'elles changent de cantons suivant les saisons ou exécutent régulièrement, deux fois par an, de lointains voyages. Tout le monde a constaté que les Hirondelles qui, pendant l'été, sillonnent les airs à la poursuite des insectes, disparaissent en automne et, après une absence de plusieurs semaines, reviennent fidèlement dans les localités où elles ont élevé leurs petits. Dans l'antiquité on admet-

L'arrivée des Hirondelles.

tait volontiers que ces oiseaux se retiraient à l'arrière-saison dans des grottes où ils passaient l'hiver, engourdis comme des Marmottes et, au seizième siècle, Olaüs Magnus, évêque d'Upsal, avait émis l'hypothèse, encore plus invraisemblable, que ces animaux à sang chaud, incapables de supporter une immersion de quelque durée, exécutaient un véritable plongeon dans les eaux des rivières et des étangs d'où elles ne ressortaient qu'au moment du réveil de la nature! Mais aujourd'hui personne ne croit plus à de pareilles sornettes et l'on sait même positivement, grâce à des observations réitérées, que nos Hirondelles se dirigent vers le Midi, traversent la mer et poussent en Afrique, sinon jusqu'au cap de Bonne-Espérance, au moins jusqu'aux régions équatoriales. De leur côté, les Hirondelles de l'Asie septentrionale s'en vont à Ceylan et dans les îles de la Sonde et celles de l'Amérique du Nord, gagnent l'Amérique centrale, les Antilles et la Colombie.

Les Martinets, que l'on confond souvent avec les Hirondelles, mais qui se distinguent par leur taille plus forte, leur plumage plus sombre, leurs ailes plus arquées et plus pointues, ne font parmi nous qu'un séjour de très courte durée et nous quittent bien avant la fin des beaux jours pour aller passer plus des deux tiers de l'année dans les contrées chaudes de l'Afrique. C'est là aussi que se rendent nos Coucous et nos Engoulevents. Les Loriots qui, avec leur plumage d'or, semblent de vrais oiseaux des tropiques, pénètrent, dit-on, à travers l'Algérie et le Maroc jusqu'au Sénégal, tandis qu'une partie de nos Ramiers et de nos Colombins, nos Gobes-mouches, nos Torcols, nos Huppes, ne dépassent pas, en général, l'Algérie, la Tunisie, l'Égypte et la Nubie.

Les Grues, qui nichent dans les contrées septentrionales de l'Europe et de l'Asie, prennent aussi, à la fin de l'automne, la route du midi, volant à une très grande hauteur, en petites troupes qui observent régulièrement l'ordre triangulaire : les unes arrivent dans l'Inde méridionale et dans l'Indo-Chine, les autres sur la terre d'Afrique où se trouve également le séjour d'hiver préféré

Cigogne blanche.

des Vanneaux, des Hérons cendrés, des Hérons pourprés et des Cigognes blanches qui, pendant l'été, ont formé des colonies dans les villes et les villages de l'Alsace.

Les Cailles partent isolément en octobre ou en novembre, dans la direction du sud et rencontrent, chemin faisant, d'autres individus de leur espèce auxquels elles s'associent. Parvenues sur les bords de la Méditerranée, elles n'hésitent pas, chose curieuse, en dépit de la brièveté de leurs ailes, à se lancer à travers cette vaste mer pour aller tomber, haletantes et épuisées, sur la côte africaine. Après avoir pris quelque repos, elles reprennent leur voyage, par terre cette fois, et descendent parfois, dit-on, d'un pied léger, à travers les déserts, jusque dans l'Afrique centrale ou même jusque dans l'Afrique australe. Beaucoup d'entre elles séjournent cependant en Tunisie, au Maroc, en Algérie et en Egypte.

Nombre d'Étourneaux, ceux du moins qui trouvent chez nous le vivre et le couvert, ne nous quittent pas à l'approche de la mauvaise saison; d'autres émigrent vers les contrées méridionales, mais s'arrêtent, pour la plupart, sur les rivages de la Méditerranée. Il en est de même des Alouettes, des Merles, des Grives, des Rossignols, des Rouges-queues, des Traquets, des Roitelets, des Ortolans, etc., qui prennent volontiers leurs quartiers d'hiver en Provence, en Espagne, en Italie et en Grèce. A cette époque de l'année, nous voyons en revanche arriver du nord des Corbeaux, des Bruants, des Pinsons de neige et des Pinsons des Ardennes, des Sizerins, des Mésanges, des Pluviers. Des Tichodromes, sortes de Grimpereaux aux ailes tachées de rouge, des Casse-noix à la livrée pie et des Becs-croisés abandonnent alors les montagnes couvertes de forêts de sapins et se montrent dans les plaines; toutefois ces derniers oiseaux n'apparaissent point chaque année dans les mêmes localités. On peut en dire autant de ces Gallinacés singuliers qu'on appelle des Syrrhaptes et qui, dans leur aspect général et leurs allures, tiennent à la fois des Perdrix et des Pigeons. Venus pour la première fois du fond de l'Asie en Europe au prin-

Bec-croisé perroquet.

temps de 1863, ces Syrrhaptes ont de nouveau visité, dans ces dernières années, nos pays d'Occident, où ils se seraient peut-être installés si on leur eût fait meilleur accueil.

Contrairement à ce qu'on observe pour les déplacements accidentels qui sont provoqués par le froid, par la faim ou par quelque autre circonstance facile à découvrir, on a remarqué que les véritables migrations, dont la cause reste encore obscure, se répètent aux mêmes époques et ne s'effectuent jamais au hasard, à travers les continents et les mers. Les oiseaux suivent au contraire certaines routes que leurs ancêtres ont adoptées et qui longent les côtes, franchissent les défilés des montagnes ou serpentent dans les vallées creusées par quelques grands fleuves, tels que le Rhin, le Rhône ou le Danube.

La régularité de ces migrations, la fixité des routes parcourues et la longueur des voyages exposent les oiseaux à de tels dangers que beaucoup d'entre eux ne revoient pas au printemps les pays qu'ils ont quittés l'automne précédent. On ne saurait se faire une idée de la prodigieuse quantité de volatiles qui, attirés par la lumière des phares, viennent se briser la tête contre les glaces de la lanterne et les murailles de la tour ou qui se laissent prendre soit à la main, soit dans des pièges grossiers. Ainsi M. le Dr Turrel nous apprend que M. Nonay, avocat, a vu capturer, le 13 avril 1873, 125 douzaines d'oiseaux insectivores par le gardien d'un phare situé sur les côtes de la Méditerranée.

Des faits analogues se passent chaque année sur l'îlot d'Heligoland (ou Helgoland) qui vient d'être cédé par l'Angleterre à l'Allemagne et qui se trouve précisément sur la route que suivent les troupes d'oiseaux migrateurs quand elles se rendent de l'Afrique et des contrées méridionales de l'Europe dans leurs lieux de nidification, sur les bords de l'Océan glacial ou dans les tundras de la Sibérie. La lumière du phare, brillant à 200 pieds au moins au-dessus du niveau de la mer, attire parfois des milliers d'oiseaux qui remplissent les airs de leurs cris et du battement de leurs ailes et dont les cadavres jonchent bientôt les rochers d'alentour. « Le soir du 6 novembre 1868, dit M. John Cordeaux, on prit ainsi à Heligoland, soit autour de la lanterne, soit sur la plateforme de la

Pluvier doré.

tour du phare, 15,000 Alouettes. On avait en outre entendu les cris d'appel d'une foule de Bécasses, de Pluviers et d'autres petits Échassiers. ».

Les lignes télégraphiques établies le long des voies ferrées ne sont pas moins préjudiciables aux oiseaux de passage et, dans l'*American Naturalist*, le Docteur Elliot Coues croit pouvoir évaluer à *quelques centaines de mille* le nombre des Passeraux, des Échassiers et des Palmipèdes qui perdent la vie en se heurtant pendant la nuit, ou même en plein jour, contre les fils télégraphiques. Des faits analogues se produisent certainement en France où le réseau électrique aérien devient chaque jour plus compliqué; seulement, comme le fait remarquer M. Cretté de Palluel dans un mémoire spécial sur ce sujet, il est difficile d'évaluer le nombre des victimes qui sont presque toujours ramassées par les garde-barrières ou autres employés de chemins de fer ou qui sont immédiatement dévorées par les Carnassiers et les Rapaces errant aux environs.

Mais c'est l'homme, et plus particulièrement l'habitant des pays méridionaux, que les voyageurs ailés ont à redouter dans leurs migrations. L'oiseau a franchi les Alpes, bravant le vent contraire, affrontant la neige qui commence à tomber sur les hauts sommets, échappant à force de prudence à l'œil perçant des Rapaces. Il se croit sauvé, alors que pour lui vont survenir, hélas ! de plus sérieux dangers. Sur cette terre d'Italie, qu'il considérait comme un refuge, il est guetté, traqué sans merci par une nuée de chasseurs qui, de septembre à février, se chargent de fournir de gibier à plumes et notamment de *Mauviettes* les marchés de la France, de l'Autriche, de l'Allemagne et même de l'Angleterre. « Sur les marchés des grandes cités, notamment sous les halles de la ville de Lyon, sans parler de tout ce qui se vend aux criées de Paris et dans le commerce de détail, chaque jour, dit M. le docteur de Montessus, de Chalon-sur-Saône, on voit des monceaux de Moineaux, Linottes, Chardonnerets, Bruants, Becs-fins divers et cinquante autres espèces de Passereaux, sans excepter l'Hirondelle, cet hôte si familier de nos demeures. Les Merles, Grives, Alouettes s'y accumulent comme les pommes de terre s'entassent dans les champs au moment de la récolte. Le gibier d'eau, la Bécasse, qui ne devraient paraître qu'au mois de mars et novembre ne font jamais défaut pendant tout l'hiver.

« Une maison de commerce de notre ville reçoit régulièrement de Bologne, deux fois chaque semaine, des approvisionnements considérables d'oiseaux d'espèces nombreuses et variées. On y trouve abondance de Perdrix rouges et grises, de Bartavelles et Cailles, de Bécasses et Bécassines, de Vanneaux et Pluviers. L'Alouette des champs y arrive par centaines ; la Calandre par douzaines. Le nombre des Grives et Merles noirs rivalise avec les précédents. Celui des petits oiseaux inspire compassion. L'un des derniers jours de novembre 1879, je comptais en dix-huit groupes deux cent seize Rouges-gorges. D'autres groupes étaient mélangés de Rossignols, de Fauvettes à tête noire, de Fauvettes des jardins, de Fauvettes mélanocéphales, d'Hypolaïs polyglottes, Pouillots, Roitelets, Troglodytes, Tariers, Pipits des arbres, Bruants fous, etc. »

Les renseignements recueillis par M. de Tchusi-Schmidhoffen et consignés dans un Rapport présenté au mois de mai 1891 au Congrès de Budapest par M. le conseiller Maday montrent que les massacres d'oiseaux ont continué de plus belle dans le nord de l'Italie, durant ces dernières années. Ainsi, au mois d'octobre 1890, la ville de Brescia a envoyé dans différentes directions 423,000 oiseaux, 100,000 de plus que pendant le mois correspondant de l'année précédente, et, de septembre à novembre 1890, il a été expédié par chemin de fer, d'Udine seulement, 200,000 pièces ; mais en réalité le nombre des volatiles tués aux environs de cette ville s'est élevé à 600,000 ! Et cet énorme contingent de victimes a été fourni presque exclusivement par des Chevêches, des Gobe-mouches, des Mésanges, des Fauvettes, des Rouges-gorges, des Rossignols de murailles, des Traquets, des Linottes, des Pinsons, des Bruants, des Pipits et des Alouettes des champs, en un mot par des oiseaux de petite taille, ne rentrant pas dans la catégorie du gibier.

Fauvette des jardins.

C'est surtout dans les vallées qui aboutissent au lac de Côme et aux autres lacs de l'Italie septentrionale que

sont situées les huttes destinées aux tendeurs, les *roccoli*, dont chaque propriétaire prend, en une campagne, ses 6 ou 7,000 oiseaux. « Dans un seul district, dit M. Tournier, le nombre des insectivores égorgés chaque automne, est de 60 à 70,000 et c'est à des milliers qu'il

Traquet tarier.

faut porter le chiffre total de la destruction dans le nord de l'Italie. Il en est du reste à peu près de même dans toute la Péninsule ainsi qu'en Sicile et dans le Tessin. »

Mais les contrées baignées par la Méditerranée, depuis Gênes jusqu'à Cette et Port-Vendres, n'ont rien à reprocher à la Lombardie, ni aux Romagnes. « Partout, dit encore M. Tournier, où le Méridional peut avoir un petit enclos de quelques mètres de terrain, quelques arbres, une source, il organise la chasse à l'oiseau :

fusils, filets, gluaux, trébuchets, abreuvoirs et mangeoires trompeuses, lacets, cages à trappes mouvantes, appeaux artificiels et naturels, voyants ou aveugles, postes à tir avec cabanes traîtreusement dissimulées dans la verdure..... tout ce que peut imaginer une intelligence humaine doublée de ruse quand elle veut arriver à ses fins, tout est employé, presque en toute saison, contre ces malheureux oiseaux dans ces pays, sur ces rivages, toujours favorisés plus ou moins de végétation et d'un beau ciel, où les conduit en masse l'hiver, où la migration les oblige à se reposer au retour, après une longue traversée. La femme, l'enfant même du fermier, ou du jardinier, surveillent quelques-uns de ces traîtres engins tout en vaquant à leur travail champêtre : aussi Cailles, Alouettes, Culs-blancs, Linottes, Serins, Chardonnerets, Fauvettes, Rossignols, Mésanges, Rouges-gorges, et même l'Hirondelle, tout y passe, ce n'est que du rôti ; c'est un égorgement cruel, insensé et sans relâche. »

D'après le même auteur, à la fin de mars et au commencement d'avril, sur le petit îlot de Saint-Honorat, un seul tendeur a pris jusqu'à 500 Traquets motteux ou Culs-blancs au moyen d'un trébuchet et un chasseur de San-Rémo a remis un jour au chemin de fer un sac pesant 45 kilos, entièrement rempli de petits oiseaux, et représentant sa récolte d'un jour! Plusieurs villes de la Provence et du Languedoc sont des centres d'expédition de menu gibier qui peuvent rivaliser avec Udine et Bologne, et l'on voit de riches propriétaires louer leurs terres à des tendeurs de profession qui, pour payer leurs redevances et réaliser quelques bénéfices, tuent sans relâche tout ce qui

Traquet motteux.

passe à leur portée. Enfin, un autre correspondant de M. Tournier lui écrit, des bords de la Garonne, que dans cette région « la destruction est arrivée à son point culminant et qu'il est impossible de faire davantage ! »

Les Cailles, qui courent déjà de si sérieux dangers en traversant la Méditerranée, sont naturellement aussi, à l'aller comme au retour, l'objet d'une chasse effrénée dans tous les pays que baigne cette mer intérieure et cela depuis de longues années, car l'évêque de Capri, en percevant une redevance sur cette catégorie de gibier, se faisait jadis un revenu de 40 à 50,000 francs. A Rome, suivant Watterton, on mettait parfois en vente, dans un seul jour, jusqu'à 17,000 Cailles. Aujourd'hui même, si le chiffre des victimes a forcément diminué, les passages se faisant de moins en moins nombreux, la capture des Cailles s'effectue encore en Italie, au mois de mai, sur une si vaste échelle, que, d'après les renseignements fournis à M. Tournier par M. Lancia di Brolo, certains négociants de Naples ou de la Sicile expédient chaque année une centaine de mille de ces oiseaux dont la chair, comme l'a fait observer M. Cretté de Palluel, est cependant bien inférieure à celle des Cailles tuées à l'automne. A Biskra, en Algérie, on prend aussi, vers la fin de mars, des quantités considérables de ces petits Gallinacés. En Espagne, au printemps, la chasse n'est pas moins fructueuse; en Morée et dans l'île de Santorin on tue chaque année des milliers de Cailles qu'on plume, qu'on sale et qu'on plonge dans du vinaigre, après leur avoir fendu la poitrine et coupé la tête et les pattes pour en faire des provisions d'hiver. M. de Montessus, de Chalon-sur-Saône, écrivait dernièrement: « Notre ville est traversée par des chargements de Cailles vivantes. En novembre 1880, un seul convoi en portait 22,000 en deux wagons; un autre, 25,000.

« En octobre 1883, on en vit passer une livraison de 30,000. Un voyageur m'a raconté en avoir vu 3,000 captives dans le grenier de l'hôtel qu'il habitait certain jour à Montpellier. Un commerçant de Turin a la réputation d'être le plus grand fournisseur de Cailles. C'est

Caille commune.

par 20 et 30,000 qu'il les entasse dans ses volières, à l'automne et au printemps. Les Parisiens eux-mêmes ont la triste jouissance de voir, pendant les jours glacés d'hiver, ces pauvres créatures, destinées à la table, souffrir, par centaines, dans l'étalage des marchands de comestibles.

« Et les journaux citeront toujours avec emphase ces faits cynégétiques au lieu de les condamner. »

Il résulte enfin, des documents officiels recueillis par M. le conseiller Maday et communiqués au Congrès de Budapest en 1891, que l'exportation de Cailles, faite du Caire à destination de divers pays de l'Europe, a atteint des chiffres énormes dans le cours de ces dernières années. On en a expédié 550,000 en 1887; 1,235,000 en 1888; 900,000 en 1889 et 800,000 pendant les dix premiers mois de 1890, soit 3,485,000 en *moins de quatre ans !* Ce sont là ces fameuses *Cailles d'Égypte* que des marchands de gibier persistent (et pour cause), malgré l'avis de tous les naturalistes compétents, à considérer comme des oiseaux d'une autre espèce que nos Cailles d'Europe et qu'à force de sollicitations ils avaient obtenu l'autorisation d'introduire en France dans la saison où la chasse de nos Cailles indigènes est prohibée par la loi. Les conséquences de cette mesure n'ont pas tardé à se faire sentir. A côté des Cailles d'Égypte, qui ne diffèrent aucunement des nôtres et qui ne sont pour la plupart que des Cailles européennes prises durant leur séjour d'hiver sur la terre d'Afrique, on a vendu, et toujours sous la même rubrique, des milliers de Cailles capturées tout simplement sur notre littoral méditerranéen, à l'aide de filets et d'appeaux. Aussi a-t-on constaté dans nos campagnes une telle diminution dans le nombre des Cailles, on pourrait même dire une telle rareté de ce gibier, que la Société pour la répression du braconnage s'en est émue et a adressé une pétition au Ministre de l'Intérieur. Ce dernier vient de faire droit à ces réclamations en supprimant une tolérance qui eût amené, à bref délai, la disparition d'un de nos gibiers les plus estimés. Il y a près de quinze ans, du reste, que MM. Millet et Cretté de Palluel avaient déjà signalé les inconvénients qui découlent de l'auto-

Alouette.

risation de vendre des Cailles prises au printemps.

Il y a quelques années, on pouvait voir chez un marchand de gibier, à Chartres, jusqu'à 200 et même 275 douzaines d'Alouettes reçues *en un seul jour*, et, le 17 octobre 1873, un article du journal le *Temps* constatait que, aux environs de Paris même, certains chasseurs, ou plutôt certains braconniers, en promenant pendant la nuit sur les emblavures le grand filet ou traîneau dont j'ai parlé, arrivaient facilement à capturer 1,000 ou 1,200 Alouettes par saison. Les bandes de ces oiseaux, qui parcourent en automne les plaines de notre pays, devenant de moins en moins nombreuses, le nombre total des Alouettes apportées sur le marché de Paris a sensiblement fléchi, en dépit des importations, dans le cours de ces dernières années ; cependant, en 1892, il s'élevait encore au chiffre énorme de 1,300,000 pièces; seulement dans ce chiffre les Alouettes *indigènes* étaient en infime minorité.

Un auteur allemand, Elzholz, rapportait naguère qu'il avait vu entrer à Leipzig, durant le mois d'octobre, 403,455 Alouettes et au moins autant durant les mois de septembre et de novembre. Sur d'autres points de l'Allemagne et dans d'autres pays, on pourrait encore relever des chiffres aussi considérables. Brehm ne saurait donc être taxé d'exagération quand il évalue à 5 ou 6,000,000 le nombre des Alouettes que l'on détruit annuellement en Europe.

Aussi qu'arrive-t-il? c'est que ces charmants oiseaux, ces oiseaux *gaulois* par excellence, se font chez nous de plus en plus rares. Ainsi M. Xavier Raspail, qui naguère voyait, chaque année, une dizaine de couples d'Alouettes venir nicher dans une plaine du département de l'Oise, n'en a plus compté que deux paires en 1891. En 1892, il n'y en avait sans doute plus une seule dans la localité, puisque, au 15 avril, époque où les Alouettes font déjà monter vers le ciel leurs joyeuses aubades, la plaine demeurait complètement silencieuse.

Les Ortolans, déjà fort estimés des Romains pour la délicatesse de leur chair, sont encore chassés en

Bruant ortolan.

Belgique aussi bien que dans le midi de la France, en Grèce et en Italie. De Port-Vendres à Perpignan on les capture avec de grands filets à une seule nappe qui prennent en quelques heures des centaines d'oiseaux. Ceux-ci sont gardés en cage et engraissés ou sont expédiés immédiatement sur le marché, tandis que, dans les îles grecques, les Ortolans sont tués, plumés et mis en barils avec du vinaigre et des épices.

Mais, pendant ces dernières années, la destruction a été tellement active que les passages sont devenus extrêmement restreints et que la chasse aux Ortolans cesserait d'être rémunératrice si, à la place de ces Bruants, on ne tuait et on ne vendait des Chardonnerets et jusqu'à des Fauvettes et des Rossignols.

D'après M. Ch. van Kempen, le Pinson commun lui-même est actuellement introuvable dans l'arrondissement d'Hazebrouck et même dans la vaste forêt de Nieppe. « C'est principalement dans cet arrondissement, dit-il, qu'ont lieu les concours de Pinsons que l'on aveugle afin de provoquer leurs chants; les prix attribués aux vainqueurs sont parfois très importants. Par suite de ces luttes rémunérées, chaque ouvrier veut avoir son oiseau; actuellement le Pinson n'existe plus aux environs. Que fait-on alors? Lorsqu'arrive le printemps, les amateurs désirant en posséder partent la nuit pour les bois du Pas-de-Calais, où ils arrivent dès l'aube, avec la petite cage contenant leur Pinson aveugle. Au chant matinal du prisonnier un autre répond bientôt et, si ce chant est au gré de l'amateur, l'oiseau imprudent est vite capturé. On sait, en effet, que le Pinson ne peut souffrir dans le bien qu'il habite un de ses semblables, sans qu'une bataille s'en suive; entendant chanter dans la cage, il se précipite furieux contre son rival; un filet habilement préparé l'a en peu d'instants rendu captif. Le piégeur continue ainsi sa chasse et ne retourne chez lui qu'avec plusieurs oiseaux choisis.

« Actuellement, ce n'est plus seulement aux Pinsons

que l'on s'attaque, mais aux chantres incomparables de nos bois, aux Rossignols et aux Rouges-gorges; les Pinsons, étant des oiseaux granivores, vivent *quelquefois;* les Rossignols et les Rouges-gorges, ne se nourrissant que d'insectes, ne peuvent trouver qu'en liberté leur subsistance habituelle. S'il est facile de s'en emparer, il est plus difficile de les faire vivre; la plupart périssent de suite et ceux qui résistent meurent au bout de peu de temps. »

M. van Kempen a parfaitement raison et beaucoup d'amateurs d'oiseaux de volière ont pu le constater à leurs dépens, lors même qu'ils avaient soin de nourrir leurs petits pensionnaires avec de la pâtée de Rossignol, du cœur de bœuf haché, des vers de farine ou des œufs de fourmis.

La Fauvette à tête noire, ce charmant Bec-fin à manteau gris, à calotte de velours que les oiseleurs recherchent particulièrement à cause de la beauté de son chant, résiste un peu mieux que les autres, mais ses jours n'en sont pas moins comptés et l'acheteur ne tarde pas à regretter les 100 ou 150 francs qu'il a payés pour acquérir ce sujet exceptionnel. Aussi comment n'être pas profondément navré quand on traverse les marchés aux oiseaux de Paris et qu'on voit tant d'infortunés captifs qui se foulent, se piétinent dans des cages trop étroites, et qui meurtrissent leurs têtes et leurs ailes contre les barreaux, en s'agitant désespérément comme s'ils avaient conscience du sort qui les attend!

Les Hirondelles, plus heureuses, sont généralement

protégées et, dans quelques-unes de nos provinces, sont même considérées comme des oiseaux d'un heureux augure qui portent bonheur à la maison où elles établissent leur nid ; mais il n'en est pas ainsi sur

Fauvette à tête noire.

toute l'étendue de la France. « Contre l'Hirondelle, dit M. de la Sicotière dans son Rapport au Sénat, dans certains départements on épuise tous les procédés de destruction. C'est sur elle que le chasseur décharge son fusil en rentrant au logis. On ne se contente pas de la chasser, on la pêche, et d'aimables dames désœuvrées s'amusent, du haut de leurs balcons, à capturer le pauvre volatile à l'aide d'un petit hameçon amorcé d'une mouche et flottant au bout d'un long fil de soie. On en prend aussi par milliers à l'aide de filets, sous prétexte d'en faire des pâtés, et quels pâtés, grand Dieu ! »

Dans un discours prononcé le 5 octobre 1873 devant le comice agricole de Bordeaux, le cardinal Donnet estimait à 1,073,000 le nombre d'Hirondelles prises annuellement au moyen de grands filets nommés pentes, dans *deux arrondissements* de la Gironde et M. Dubalen écrivait, en 1876, à M. Lescuyer, qu'on prenait chaque année, dans la grotte de Bedeillac (Ariège), environ 20,000 Hirondelles de fenêtres. Il y a quelques années, un article du journal l'*Illustration* signalait avec indignation la chasse aux Hirondelles qui se pratiquait alors dans la Camargue, sur les bords des bras dormants du Rhône. « C'est là que le tendeur féroce place ses filets, disait l'auteur de cet article. Pour y attirer la pauvre bête, ce sont ses vertus mêmes qu'il exploite. L'Hirondelle, plus qu'un autre animal, plus que l'homme, a le sentiment de la solidarité sociale et de la charité; pour la faire accourir en foule, il suffit de lui faire entendre le cri de détresse d'une Hirondelle captive ou blessée, il suffit de lui montrer une Hirondelle se débattant dans un lacet : aussitôt le bataillon tout entier se précipite pour porter secours ; le filet, alors manœuvré par l'homme — qui n'a même pas la peine de se cacher, car aucun danger n'arrête le courageux dévouement de l'Hirondelle — le filet se retire et tombe sur toute la bande.

« J'ai vu avec colère et dégoût, j'ai vu prendre d'un seul coup de filet plus de 300 Hirondelles, dont au moins la moitié, posées à terre, travaillaient à rompre ou à dénouer le fil qui retenait leurs sœurs captives.

« C'est par décalitres et par sacs que se mesure le produit de cette boucherie. »

Hirondelle de fenêtres.

On dit que ce mode de chasse a été interdit, je le veux bien; mais la chasse n'en a pas moins continué dans le midi et sur une si grande échelle que, d'après MM. Billaud, Petit et Vian, certains naturalistes-préparateurs de Paris ont reçu, au printemps de 1887, et de nouveau en 1888, des paniers contenant des milliers de cadavres d'Hirondelles. Les malheureuses bêtes avaient, dit-on, été foudroyées par des batteries électriques au moment où, épuisées par un long voyage, elles venaient de se poser sur des fils de fer traîtreusement déposés à leur intention. La mort de toutes ces victimes innocentes ne profita à personne, car la chair de tous ces oiseaux, emballés hâtivement, se putréfia durant le voyage et leurs dépouilles ne purent être utilisées par les plumassiers auxquels elles étaient spécialement destinées.

Ceci me conduit à dire quelques mots d'une des causes qui a le plus puissamment contribué à la destruction en masse des oiseaux dans le cours de ces dernières années. Je veux parler du caprice de la mode qui avait fait adopter, pour orner les chapeaux des dames, non plus, comme autrefois, des plumes isolées d'Autruches et de Marabouts ou des panaches d'Oiseaux de Paradis, mais des dépouilles entières d'oiseaux *naturalisées*, c'est-à-dire préparées à la façon des spécimens de nos musées. A peine cette mode nouvelle fut-elle lancée que cela devint une véritable fureur. Pour satisfaire aux demandes qui affluaient de toutes parts, les marchands des grandes villes de l'Europe firent venir des cargaisons entières d'oiseaux exotiques à plumage brillant. Dans son livre sur les *Produits naturels commerçables*, M. E. Dubois nous apprend qu'en 1883 l'Angleterre recevait déjà pour 3,881,000 fr. de dépouilles d'oiseaux et pour 50,298,000 francs de plumes; depuis lors, ce commerce ne s'est point ralenti, car, d'après les *Hamburger Nachrichten*, il est encore arrivé, dans le cours d'une de ces dernières années, 766,000 dépouilles d'oiseaux chez un plumassier de Londres, et en, 1889, il s'en est encore vendu plus de *deux millions* dans une seule maison de la même ville.

C'est en effet en Angleterre et en Allemagne que se

Oiseaux-mouches mellisuges.

trouvent les principaux marchés pour le commerce des plumes; cependant, Paris est aussi le siège d'un trafic considérable. Ainsi, l'an dernier, un négociant parisien me disait qu'il pouvait, quand la mode l'exigeait, recevoir jusqu'à 100,000 Oiseaux-mouches, qui, en gros, ne valaient que trente-cinq centimes pièce et il ajoutait qu'à ce prix l'Amérique en fournirait *tant qu'on voudrait*, ce en quoi il se trompait grandement, car on n'a pas tardé à s'apercevoir, dans les Républiques de l'Amérique du Sud, que le nombre des

Oiseaux-mouches diminuait dans des proportions inquiétantes et qu'il était urgent de prendre des mesures pour en diminuer l'exportation.

Les contrées tropicales du Nouveau Monde nous envoient, avec les Oiseaux-mouches, des Tangaras, des Sucriers, des Manakins, des Couroucous resplendissants, des Toucans, des Perruches, des Cassiques et des Troupiales au plumage jaune, bronzé ou pourpré, des Hérons aigrettes, des Colombes, des Tinamous, des Colins et même des Engoulevents à la livrée de couleurs modestes.

Il y a quelques années, j'ai vu chez un marchand le plancher de plusieurs chambres littéralement jonché de dépouilles de Brèves, Passereaux qui ressemblent un peu à nos Merles par la forme du bec, mais qui ont la queue courte et dont le plumage offre des teintes vertes, bleues et rouges d'un éclat extraordinaire. Tous ces oiseaux venaient d'une seule province de la presqu'île de Malacca. Ils étaient accompagnés de lots très importants de Barbus aux couleurs tranchées, de Loriots jaunes, de Perruches à tête rose, de Pigeons verts, de Coucous, de Guêpiers, de Martins-pêcheurs de toutes nuances, etc.

Depuis que les transactions avec le Japon sont devenues très actives, ce pays fait concurrence à Malacca en envoyant en Europe des cargaisons énormes, comprenant parfois jusqu'à 100,000 dépouilles d'oiseaux. Un naturaliste de Paris me racontait dernièrement qu'il avait été choisi comme expert dans une contestation au sujet d'un lot de plusieurs milliers de

Faisans du Japon, qui appartenaient tous à l'espèce dite Faisan de Semmering et qui n'étaient pas estimés plus de 7 ou 8 francs pièce. Si les habitants de ce pays continuent, pendant quelques années encore, à être animés de la même rage de destruction, ils seront certainement forcés de réimporter chez eux des oiseaux d'Europe (si toutefois nous sommes alors à même de leur en fournir) comme ils rachètent déjà quelques faïences rares de Tokio. Déjà, paraît-il, à la suite de la diminution progressive des oiseaux indigènes, les insectes ont singulièrement augmenté au Japon et les journaux commencent à réclamer du gouvernement des mesures énergiques.

De la Nouvelle-Guinée arrivent sans cesse des Brèves, des Martins-pêcheurs, des Oiseaux de Paradis au manteau de velours, aux panaches éblouissants, des Pigeons Gouras à la huppe finement découpée; de l'Afrique tropicale des Coucous cuivrés ou dorés, des Soui-mangas représentant les Oiseaux-mouches dans l'Ancien-Monde, des Touracos, des Pintades, des Tisserins, des Bengalis et surtout des Merles bronzés, sortes d'Étourneaux dont le plumage bleu, vert ou pourpré offre des reflets métalliques d'une richesse extraordinaire. Les dépouilles de ces derniers oiseaux furent, à un certain moment, importées chez nous en telles quantités qu'elles remplissaient chez les marchands des caisses immenses et qu'on les remuait littéralement à la brassée.

Après Malacca, la Nouvelle-Guinée et l'Afrique occidentale, c'est l'île de Madagascar et l'Indo-Chine qui sont mises en coupe réglée. Le gouvernement annamite a concédé, d'abord à des Chinois et ensuite à des Français, représentants de grandes maisons de Paris, le droit de chasser les Hérons blancs ou Aigrettes

Tisserin à front d'or.

qui, dans leur plumage de printemps, ont les ailes et le dos ornés de jolies plumes aux barbes fines comme de la soie. Ces plumes valent, suivant leur finesse et leur forme, de 25 à 150 francs l'once, c'est-à-dire de 800 à 4,800 francs le kilogramme dans le commerce, mais d'après le journal le *Temps*, ne reviennent pas, tous frais payés, à plus de 400 à 450 francs. Stimulés par l'espoir de tels bénéfices, les chasseurs redoublent d'ardeur et massacrent les Aigrettes avec une telle rage que bientôt elles seront aussi rares qu'en Floride, où, paraît-il, les plumes de cette espèce se vendent un dollar pièce. J'ai lu quelque part que la chasse dans un district de l'Indo-Chine était affermée à raison de 30,000 francs par an. Cela suppose une destruction de 50,000 Hérons au moins sur une étendue de territoire relativement restreinte, puisqu'on a calculé qu'il fallait sacrifier 700 oiseaux pour obtenir 1 kilogramme de plumes.

Des régions polaires on tire des Perdrix de neige ou Lagopèdes, des Chouettes blanches et des Goélands; du plateau central de l'Asie et de la Chine, des Lophophores et diverses espèces de Faisans; enfin il n'est pas jusqu'à nos contrées qui ne paient leur tribut à la mode en lui livrant des Mouettes, des Hirondelles de mer, des Perdrix, des Pigeons, des Pies, des Geais, des Engoulevents, des Loriots, des Chouettes, des Grèbes et même, comme je le disais tout à l'heure, des Hirondelles et d'autres petits Passereaux.

Il y a encore une autre cause de destruction pour les oiseaux, et une cause puissante sur laquelle on ne saurait trop insister. Je veux parler de l'enlèvement des nids et des couvées. Les petits bergers qui passent la journée dans les champs à garder leurs troupeaux se distinguent particulièrement dans cette triste besogne, dans laquelle leurs chiens leur servent d'auxiliaires; les enfants des bohémiens et les bohémiens eux-mêmes, étameurs et vanniers, qui errent le long des chemins, qui s'installent à la lisière des bois, ne se font pas faute de tordre le cou à de pauvres oisillons, de les mettre en fricassée et de faire des omelettes avec les œufs qu'ils trouvent dans les haies.

« Dans beaucoup de contrées, dit M. de la Sicotière, les maraudeurs, les jeunes maraudeurs surtout — cet âge est sans pitié! — se répandent dans les campagnes. Ils s'introduisent dans les vergers et dans les champs couverts de récoltes, en y causant de véritables dommages. Les dangers auquels ils s'exposent en grimpant sur les arbres ne les arrêtent pas. Parfois les enfants d'un même hameau se divisent en deux bandes. Elles se défient à qui rapportera le plus beau chapelet d'œufs ou le plus grand nombre d'oisillons, et le pillage et le massacre commencent. Se doute-t-on du chiffre énorme auquel peut s'élever, par an, le produit d'un pareil braconnage? Il est de 80 à 100 millions d'œufs ou de petits, peut-être! »

Cette évaluation est plutôt au-dessous qu'au-dessus de la réalité. Un seul exemple suffira à nous le montrer. M. Tissot, naturaliste à Chalon-sur-Saône, s'étant proposé, en 1887 et en 1888, de reconnaître dans quelles conditions s'effectuait la nidification de quelques espèces indigènes, avait choisi, pour théâtre de ses observations, un petit bois, situé au sud-ouest de la ville et dépendant de la forêt de Givry, ainsi que quelques parcs et jardins des environs. Dans cette région circonscrite il avait reconnu, au commencement du printemps, la présence d'un grand nombre de nids, mais par la suite,

Nid de Rouge-gorge.

en les passant en revue, il constata que les nids avaient été successivement dépouillés des œufs ou des poussins qu'ils renfermaient. Les Chats ou les Lérots pouvaient à la rigueur être accusés de quelques-uns de ces méfaits, mais les principaux coupables étaient les petits bergers, M. Tissot finit par le leur faire avouer. Il compta jusqu'à 65 nids ainsi ravagés, savoir : 7 nids de Fauvette à tête noire, 10 de Fauvette grisette, 1 de Fauvette orphée, 8 de Pouillot, 3 de Rouge-gorge, 7 de Rossignol, 7 de Merle, 2 de Grive, 2 de Becfigue, 1 de Bergeronnette printanière, 7 d'Alouette, 3 de Linot, 2 de Chardonneret, 3 de Pic épeiche, 1 de Pic vert, 1 de Sittelle. M. Tissot estime cependant que ce qu'il a vu ne représentait que le dixième de la destruction réelle et que, par conséquent, c'était 650 nids et environ 2,970 œufs et jeunes oiseaux qui avaient été anéantis en quelques jours dans un espace restreint. Or, dit-il, les mêmes massacres ont lieu tout autour de Chalon, de sorte qu'il y a, dans un rayon de 12 à 15 lieues, environ 59,400 oiseaux anéantis dans l'espace d'une année. Consultez maintenant d'autres naturalistes ; vous verrez que les mêmes faits se produisent dans la plupart de nos départements.

Et ce qu'il y a de plus triste à constater, c'est qu'à côté des bohémiens et des bergers, qui ont du moins pour excuse leur pauvreté ou leur ignorance, figurent, parmi les maraudeurs, non seulement des enfants à qui l'on enseigne pourtant dans les écoles la pitié pour les faibles, le respect des êtres utiles ou inoffensifs, mais encore des jeunes gens et même des pères de famille qui ne trouvent rien de mieux que de rapporter au logis des œufs et des nids pour décorer leurs

Nid de Pinson commun.

chambres, des poussins pour amuser leurs enfants !

Lorsqu'il vient à découvrir l'un de ces nids qui sont de véritables merveilles d'architecture et que l'oiseau a édifiés brin à brin, sans autres outils que son bec et ses pattes, comment l'homme, l'enfant lui-même ne s'arrête-t-il pas, saisi d'admiration, comment peut-il pousser le vandalisme jusqu'à détruire brutalement un pareil chef-d'œuvre? Comment, lorsqu'il vient à surprendre la mère couvant ses œufs ou donnant la becquée à ses petits, peut-il être assez cruel pour lui ravir sa progéniture? Comment l'agriculteur, qui gémit sans cesse du tort causé à ses récoltes par les insectes et la *vermine*, est-il assez inconséquent pour supprimer dans l'œuf les destructeurs de ces animaux nuisibles? Comment enfin l'administration permet-elle la vente, sur le marché de nos grandes villes, de couvées entières de petits oiseaux, qui ne sont certainement pas nés en captivité, puisque quelques-uns se trouvent encore dans le nid que leurs parents avaient tressé avec amour? Pauvres oisillons, presque aveugles, à peine couverts de quelques maigres touffes de duvet, c'est en vain qu'ils ouvrent le bec et réclament la becquée maternelle, ils vont périr tristement dans quelque cage étroite, loin de la forêt que quelques mois plus tard ils auraient égayée de leurs gazouillements joyeux!

Notre pays offrait jadis des conditions éminemment favorables à la conservation et à la multiplication des oiseaux; mais ces conditions ont été profondément modifiées par l'homme qui a coupé les forêts, brûlé les taillis, défriché les landes, desséché les marais et construit des villages et des villes sur les terrains où s'ébattaient librement les animaux sauvages. Les lieux de refuge des oiseaux utiles ont été graduellement réduits, tandis que, par la culture intensive de quelques plantes sur de vastes espaces, se trouvait, en revanche, singulièrement favorisé le développement de certaines espèces de rongeurs et d'insectes. L'idéal de la culture moderne paraît être de plus en plus des champs s'étendant à perte de vue, sans un arbre, sans un buisson, sans ces accidents de végétation qui rompaient si heureusement la monotonie du paysage et dont un ancien fonctionnaire de l'administration des forêts, M. Burger, a fait ressortir l'utilité au point de vue agricole, dans un mémoire publié par la Société d'agriculture de Meaux. « De grandes plaines cultivées, dit M. Burger, ne fixeront pas les oiseaux insectivores s'il n'y a pas çà et là dans ces plaines, et le long des chemins qui les sillonnent, des arbres, des haies et des buissons, des remises ou des parcelles de bois. Ce boisement est indispensable pour les fixer et les retenir, ou tout au moins les attirer momentanément et leur offrir un refuge en cas de danger et de poursuites, lorsque, d'un lieu voisin où ils stationnent, ils y viennent en chasse.

« Car, vous avez pu le remarquer, c'est d'arbre en arbre, de buisson en buisson, que ces oiseaux circulent et se meuvent. Les grandes portées de vol leur sont impossibles, ne sont pas dans leurs allures. Ils ne peuvent donc s'aventurer dans les plaines pour y chercher les insectes à moins de s'y épuiser de fatigue et de s'exposer à être pris par l'oiseau de proie, s'ils n'y trouvent pas ces haltes et ces refuges. L'oiseau de proie a le temps de fondre sur le petit oiseau, lorsque celui-ci n'a pas à sa portée des buissons fourrés. J'insiste sur ce mot de *fourré*, parce que c'est dans les haies et buissons épineux et très touffus que le petit oiseau pourra se mettre en sûreté, en cas d'attaque, et

Roitelet huppé.

se dérober à la poursuite de son ennemi, en circulant de buisson en buisson. — L'Épervier, quelque agile qu'il soit, s'il entre dans le fourré, ne s'y faufilera jamais aussi vite que sa proie. Il sera arrêté par ce dédale de brindilles entrelacées, souvent mêlées de hautes

Épervier vulgaire.

herbes, et ces temps d'arrêt donneront le temps à la victime de s'échapper, ou, de guerre lasse, de se blottir quelque part et de se tenir caché jusqu'au départ de son ennemi. »

Il y a plus de 30 ans, M. le Docteur Gloger avait déjà signalé les inconvénients qui résultent, au point de vue de la sécurité des petits Passereaux, de la suppression des arbres, des arbustes et des buissons qui croissaient çà et là dans la campagne. Tout récemment, d'autres auteurs sont revenus sur ce sujet, en insistant sur la situation fâcheuse dans laquelle se trouvaient désormais les espèces habituées à nicher dans les haies, dans les broussailles, sous le couvert des arbres ou dans les anfractuosités des vieux troncs. « Qu'on se figure, écrivit en 1878 M. Barbier-Montault, dans le journal l'*Acclimatation*, la quantité d'insectes détruits dans un champ entouré de haies où cinq ou six nichées, et peut-être davantage, existeront. Chaque nid contiendra au moins cinq ou six petits; combien de milliers d'insectes faudrait-il pour rassasier ces petits becs réclamant toujours une nouvelle pâture? Le nombre est incalculable. La haie ayant disparu, l'auxiliaire n'existe plus et la récolte est ravagée; l'oiseau a cherché une contrée plus hospitalière. L'agriculture faisant chaque jour de nouveaux progrès et les défrichements continuant, le mal deviendra incurable; à peine pourrons-nous y apporter quelques palliatifs. »

C'est à la même cause que M. de Sélys-Longchamps attribue la diminution considérable qu'il a constatée dans le nombre des Mésanges qui vivent actuellement en Belgique, dans la province de Liège. « On a remplacé, dit-il, par des clôtures ciselées régulièrement et réduites à un minimum de hauteur et d'épaisseur les vieilles et larges haies presque impénétrables et rarement taillées, remplies de broussailles de toute espèce, qui occasionnaient une perte notable de terrain cultivé ou nuisaient au bon état des chemins vicinaux à

Mésange noire ou Petite Charbonnière.

cause de leur hauteur, mais qui offraient aux petits oiseaux des retraites favorables, des troncs creux pour leur nidification et des haies variées d'épine, églantier, merisier, ronces etc. »

Cela est parfaitement vrai. En arrachant les haies et les broussailles, tantôt pour réaliser certains progrés agricoles, tantôt pour un motif moins honorable, pour pouvoir plus librement empiéter sur les chemins vicinaux, les cultivateurs ont enlevé aux petits oiseaux non seulement le couvert, mais une portion indispensable de leur nourriture. « C'est surtout l'hiver, pour nos espèces sédentaires, dit M. Burger, que la suppression de cette ressource se fait sentir, parce que cette prodigieuse quantité de graines et de fruits, non consommés en été, tombe sur le sol et constitue sous le buisson, mêlés aux feuilles et aux herbes sèches qui les conservent, *un véritable grenier d'abondance* où les oiseaux savent bien fouiller, en temps de gelée et de neige, lorsque la disette sévit si rudement pour ces animaux ».

L'hiver est toujours dur à traverser pour nos oiseaux sédentaires, et lorsqu'il se montre plus rigoureux que d'ordinaire, beaucoup d'entre eux périssent de misère et de froid. On l'a bien vu en 1878-1879 et en 1879-1880 dans diverses contrées de l'Europe et particulièrement dans l'est de la France. Dans le département de Saône-et-Loire, des compagnies entières de Perdrix succombèrent à la fois. « Vainement, dit M. de Montessus, ces malheureux Gallinacés cherchaient à se communiquer un peu de chaleur en se serrant les uns contre les autres, le matin on les trouvait raides et sans vie. Sur le penchant d'une montagne de l'arrondissement de Chalon, quelques Perdrix rouges, après s'être abreuvées à une source d'eau chaude, eurent leurs pattes et leurs plumes encore humides si brusquement saisies par la gelée, qu'elles ne purent se détacher du sol et périrent misérablement.

« Quantité de Poules d'eau, Râles d'eau, Canards

sauvages, etc., qui se réfugiaient sur les cours d'eau épargnés par la glace, avaient le même sort. L'homme se les appropriait, tantôt morts, tantôt vivants encore. »

Perdrix rouge.

Des familles de Perdrix venaient jusque dans les basses-cours picorer les grains destinés à la volaille et, pressés par le besoin, oubliant leur timidité naturelle, des Passereaux d'espèces variées, Pies, Geais, Merles, Grives, Pics verts et Bruants faisaient concurrence aux Moineaux, se rapprochaient des habitations et pénétraient même dans les étables. Hélas! les pauvrets payaient cher leur hardiesse, car presque partout on fermait la porte derrière eux et on les massacrait sans pitié. Bien faible fut le nombre des propriétaires qui, plus généreux et plus soucieux de leurs véritables intérêts, firent à ces affamés l'aumône de quelques grains. Aussi la mortalité fut-elle effrayante et M. de Montessus constata qu'au mois de janvier 1880 certains cantonnements voisins de Chalon-sur-Saône ne possédaient plus un seul oiseau. Dans les premiers jours de mars on n'entendit dans les forêts ni les gais sifflements des Merles, ni les cris discordants des Pies et des Geais; un silence de mort régnait dans la campagne qui, même après le retour des émigrants, ne recouvra pas, durant toute la saison, sa gaîté accoutumée.

Evidemment ces maux eussent été, sinon conjurés, au moins en partie atténués, si les oiseaux avaient pu trouver, comme jadis, des bouquets d'arbres verts sous lesquels le sol serait resté dépourvu de neige, des fourrés de ronces et d'épines où ils auraient pu passer la nuit, abrités contre la bise et où ils auraient picoré des baies sauvages et des graines disséminées au milieu des feuilles sèches.

C'est dans le but de fournir au gibier à plumes des abris pour la mauvaise saison que les lords anglais font soigneusement entretenir dans leurs parcs des buissons de rhododendrons qui, au printemps, avec leurs fleurs blanches et roses, produisent le plus ravissant effet, et c'est à la présence de ces buissons et à l'existence de nombreuses haies entourant les propriétés que je suis disposé à attribuer en partie l'abondance des petits oiseaux que j'ai observée dans certaines contrées de l'ouest de l'Angleterre. Chez nous, au contraire, les oiseaux en général et particulièrement les Passereaux diminuent avec une rapidité désolante. Pendant ces dernières vacances, j'ai parcouru, sans entendre un seul chant d'oiseau, les grands bois de sapins des montagnes franc-comtoises et du ballon d'Alsace, les vallées riantes du Doubs et de ses affluents et, il y a quelques années, j'avais déjà été frappé du même silence dans le Puy-de-Dôme et la Normandie. Du reste, dès 1860 on pouvait déjà lire dans le *Moniteur des Comices* ces plaintes, qui, aujourd'hui, seraient encore plus justifiées : « Les personnes âgées déplorent la solitude de nos campagnes, lorsqu'elles la comparent au mouvement et à l'animation de la nature, il y a 25 ou 30 ans, alors que les airs, les bois et les champs étaient peuplés d'oiseaux de toute espèce. La destruction se fait surtout sentir dans les variétés du genre le plus précieux, celles des chanteurs et des insectivores. » Vers la même époque, M. Châtel, de Vire, déclarait que les oiseaux avaient diminué de moitié dans le Bocage normand et en 1873, lorsque la commission de l'Assemblée nationale, chargée d'examiner le projet de loi de M. Ducuing sur les insectes nuisibles, eut adressé un Questionnaire

Grive draine.

détaillé aux Conseils généraux, aux Sociétés d'agriculture et aux Comices agricoles, les réponses envoyées de tous les départements signalèrent presque unanimement l'apauvrissement de notre pays en oiseaux indigènes. Plus récemment encore, en réponse à un autre Questionnaire rédigé par la Société d'acclimatation, à l'occasion du Congrès ornithologique de Vienne en 1884, M. de Barrau de Muratel constatait que dans le Tarn les Perdrix grises avaient entièrement disparu et que les Perdrix rouges ne se conservaient en petit nombre que grâce aux terrains rocheux et d'un accès difficile où elles se tenaient cantonnées.

« Les Alouettes, disait-il, passaient autrefois au mois de novembre et revenaient au mois de mars par vols innombrables; mais elles ont été l'objet d'une chasse si acharnée que leur nombre a été considérablement réduit; elles sont devenues rares à ce point que la douzaine qui, sur le marché, se payait 0 fr. 50, se paye aujourd'hui 1 fr. 50... Les Ortolans, qui étaient aussi l'objet d'une chasse très fructueuse sont aujourd'hui en nombre si restreint, que leur capture n'est plus rémunératrice... Les petites Grives, les Becs-fins, qui s'abattaient en foule sur les vignes au moment de la maturité des raisins, ne se voient plus qu'à de rares intervalles et en très petit nombre. » A l'époque où il écrivait, M. de Barrau n'avait plus vu, depuis 25 ans, dans le Tarn, un seul Pluvier doré, un seul Pluvier gris. « Les Freux, disait-il encore, qui nous arrivaient tous les hivers en grandes troupes, ne se rencontrent plus que rarement et par vols de quinze à vingt au plus. Pareille diminution a été constatée chez les Étourneaux, les Vanneaux, les Tourterelles, les Pigeons ramiers et Bisets.

« Les Cailles, Râles, Bécasses, Bécassines, nous arrivent encore, mais en si petit nombre, qu'il faut être un bien déterminé chasseur pour se mettre à leur recherche... Les Canards sauvages et Sarcelles sont devenus très rares; les Outardes et Oies sauvages ne viennent plus. »

Au témoignage de M. de Barrau je pourrais, si je le voulais, joindre celui de dix, vingt, trente personnes également honorables, également dignes de foi, qui ont été témoins de mêmes faits sur d'autres points de notre territoire ou dans d'autres contrées de l'Europe. Aussi peut-on affirmer avec M. de Montessus que, si la guerre faite aux oiseaux continue avec le même acharnement, dans moins d'un siècle une centaine d'espèces seront anéanties en France et dans les États voisins, comme l'ont été à Terre-Neuve et en Islande le Grand Pingouin du Nord, à l'île Maurice et à la Réunion le Dronte, le Solitaire, une Poule d'eau gigantesque et divers Perroquets, à Madagascar l'énorme *Æpyornis*, à la Nouvelle-Zélande les *Dinornis* et une espèce de Caille indigène. La France n'a-t-elle pas déjà perdu la Grande Outarde qui peuplait naguère encore les plaines de la Champagne et dont on ne voit plus chez nous que des individus isolés chassés des contrées septentrionales ou orientales par la rigueur des hivers. Les Coqs de bruyère, qui habitaient jadis les vastes forêts de la Gaule, ne sont-ils pas maintenant cantonnés sur quelques points du Jura et des Vosges où ils sont fatalement destinés à s'éteindre d'ici à quelques années? Les Perdrix, les Cailles, les Bécasses et les Alouettes, suivront de près. Ensuite ce sera le tour des Grives et des Merles. Peut-être même, comme le

Hirondelle de cheminées.

dit M. de Montessus, ces derniers seront-ils précédés dans la tombe par les Rouges-gorges, les Fauvettes et d'autres petits Passereaux tels que les Hirondelles.

Il est facile de constater en effet que, si les Hirondelles continuent à effectuer régulièrement leurs migrations annuelles, l'effectif des troupes qui reviennent au printemps dans une localité déterminée est de plus en plus faible. Dès l'année 1885, dans deux Rapports adressés à M. le Ministre de l'Instruction publique et à M. le Ministre de l'Agriculture, j'avais déjà signalé ce fait dont j'avais été frappé dans l'est de la France et qui a été signalé depuis par d'autres observateurs. Déjà certaines localités, que, de temps immémorial, les Hirondelles avaient adoptées pour y grouper leurs nids, ne reçoivent plus, à la fin de mars ou au commencement d'avril, leurs hôtes accoutumés.

Les conséquences de la destruction des espèces qui rentrent dans la catégorie du gibier sont tellement évidentes qu'elles n'ont pas besoin d'être exposées longuement. Les communes et les particuliers qui louaient leurs chasses seront privés d'une source de revenus; l'État perdra les beaux deniers comptants que lui procurait la concession des permis et la France, qui ne produit déjà pas suffisamment pour subvenir à sa propre alimentation, sera de plus en plus tributaire des pays voisins qui lui vendront leur gibier d'autant plus cher que, pour des causes analogues, il se fera chez eux aussi, de plus en plus rare.

Mais comme nous l'avons vu, à côté du gibier à plumes proprement dit, à côté des Cailles, des Perdrix, des Faisans, des Bécasses, des Canards, etc., il y a une quantité d'oiseaux que l'homme poursuit sans trêve et pitié et dont la disparition aura des suites bien plus funestes pour nos contrées. Je veux parler des oiseaux qui se nourrissent de petits rongeurs, de vers et d'insectes et qui sont les auxiliaires de l'agriculture. Nos cultivateurs se plaignent sans cesse, et non sans raison, de voir leurs champs ravagés, leurs semailles dévorées, leurs récoltes détruites par une foule d'animaux nuisibles ; depuis près de 30 ans, les vignerons luttent pied à pied contre le *Phylloxera* qui a causé pour

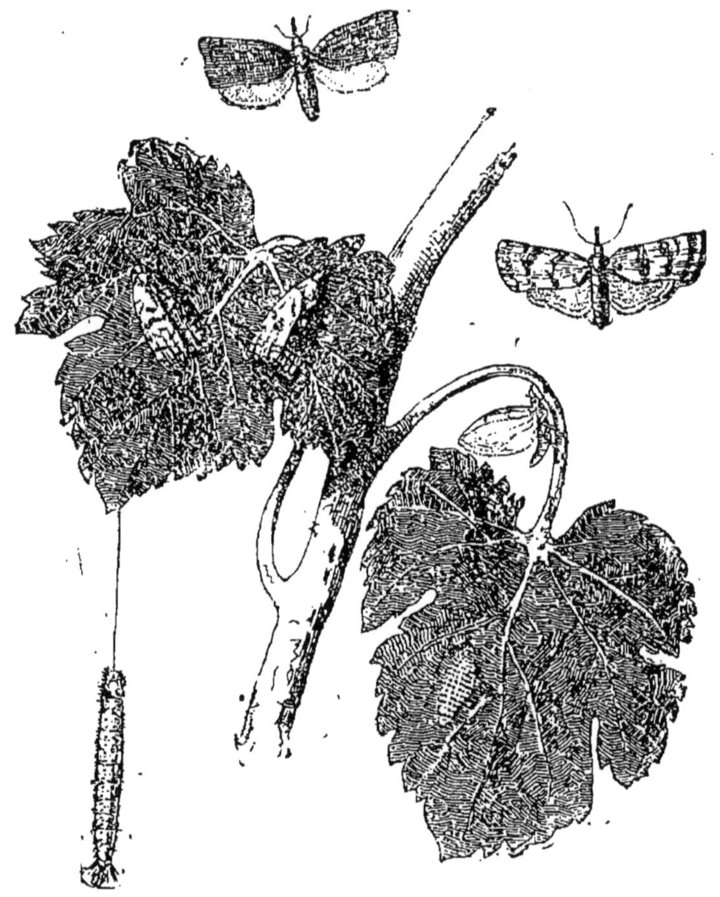

Pyrale de la vigne.

plusieurs milliards de dégâts et qui a failli anéantir nos clos les plus précieux, et l'Amérique, qui nous a envoyé ce dangereux parasite, a reçu en revanche de la vieille Europe divers insectes qui s'attaquent aux céréales et aux arbres fruitiers. Avant le Phylloxera, c'était un petit Papillon, la Pyrale, dont la chenille rongeait les feuilles de la vigne, coupait les grains et entravait la végétation par d'innombrables fils jetés dans tous les sens. Les ravages de cette espèce, qui s'exercèrent successivement aux environs de Paris, dans l'est et le midi de la France, ne furent jamais comparables à ceux du Phylloxera; néanmoins ils atteignirent une assez grande importance, puisque le dommage causé en dix ans aux vignes de vingt-trois communes du Mâconnais et du Beaujolais, fut évalué à plus de 34 millions de francs. Aujourd'hui encore c'est un autre Lépidoptère, également de très petite taille, la Cochylis de Roser, dont la larve est connue sous le nom de *Ver de la vigne* et qui semble vouloir faire concurrence au Phylloxera, de concert avec divers Coléoptères tels que le Rhynchite, appelé aussi *Urbec*, *Bêche*, *Lisette* ou *Coupe-bourgeons*, l'Eumolpe ou *Ecrivain* et surtout l'Altise. Cette dernière espèce, qui s'était montrée jadis assez redoutable dans l'Hérault et les Pyrénées-Orientales, a prélevé, en 1883, sur les vignobles du département d'Alger, une dîme équivalant au produit de 1,300 hectares et se traduisant par une perte de plus d'un million de francs.

Les pommiers n'ont pas seulement pour ennemis des Charançons du genre Anthonome qui percent les fleurs en boutons, et des Pyrales, différentes de celles de la vigne, et dont les larves (*Vers des pommes*) pénètrent dans les fruits et en rongent le cœur; ces arbres sont encore attaqués par les Teignes des pommiers ou Hyponomeutes, dont les chenilles se répandent sur les rameaux et y filent de distance en distance des toiles soyeuses, à l'abri desquelles elles dévorent successivement les feuilles, les fleurs et les fruits à peine formés. Enfin, depuis l'année 1812, ils hébergent une nouvelle espèce de parasite, venue d'Amérique, le Puceron lanigère, qui épuise les jeunes rameaux. Ce Puceron, qui, en 1834, avait déjà fait périr un dixième des pommiers de la Haute-Normandie, s'est répandu plus tard dans le centre, le midi et le nord de la France et en Belgique. D'autres espèces indigènes du groupe des Pucerons attaquent le pêcher, le prunier, l'amandier, le cerisier, le groseiller, l'oranger, ainsi que le poirier, qui a du reste son parasite spécial, le *Tigre* ou *Tyngis*, petit insecte de l'ordre des Hémiptères. Cette sorte de Punaise, à l'aide de son bec, crible les feuilles de trous microscopiques pour en pomper la sève, tandis que d'autres feuilles sont réduites à l'état de dentelle par les morsures des fausses chenilles ou larves des Tenthrèdes, qui les emprisonnent sous un réseau de fils.

L'orme est miné par les larves d'une espèce de Coléoptère, d'un Scolyte qui a été justement nommé *destructeur* et dont on a compté, dit-on, jusqu'à 100,000 individus dans un seul tronc. Le bois de chêne, en dépit de sa grande dureté, est rongé en tous sens par les larves d'un Bupreste qui, d'après M. de Trégomain, a causé en 1874, dans les forêts du cantonnement d'Uzès, des dégâts équivalant au quart du produit de ces forêts. Quand l'arbre est vieux, c'est le tour du Lucane ou *Cerf-volant*, puis vient le Cérambyx ou Capricorne, qui porte les derniers coups au roi de la forêt. Les glands sont évidés par des larves de Charançons et sur les branches se promènent en longues files les Processionnaires et une foule d'autres chenilles voraces. Beau-

Scolyte destructeur.

coup de ces insectes ne sont d'ailleurs pas particuliers aux chênes et s'attaquent aussi aux érables, aux peupliers, aux aulnes, aux saules, qui ont aussi à redouter les chenilles du Cossus gâte-bois. Quant aux ennemis des arbres verts, ils se nomment légion et leur simple énumération m'entraînerait bien loin. Je me contenterai de citer les Sirex géants à la longue tarière, les Hylobies, les Hylurgues, les Bostriches appelés *typographes* et *chalcographes* parce que leurs larves creusent dans le bois des galeries compliquées qui, sur les planches débitées, forment des sortes de gravures, les Bombyx dont un seul couple, suivant M. Lescuyer, peut produire en deux ans plus de 800,000 œufs, et surtout la Nonne ou *Liparis* qui s'est rendue tristement célèbre, à diverses reprises, depuis le commencement de ce siècle, par les énormes ravages qu'elle a causés dans les forêts de l'Allemagne. Pour donner une idée de l'extraordinaire multiplication de cette dernière espèce, je dirai, après les docteurs Gloger et Ratzeburg et M. de la Sicotière, que, dans la Prusse orientale, on ramassa une fois, dans un seul jour, quatre boisseaux, c'est-à-dire environ 180,000,000 d'œufs de Liparis, que dans une autre verderie de la Haute-Silésie, vers les frontières d'Autriche, on recueillit, en neuf semaines, 117 kilogrammes représentant environ 240,000,000 d'œufs ! Non moins terribles sont les dégâts causés par les Bostriches. En 1779, dit M. de Cherville, ces Coléoptères ont fait sécher sur pied, dans le Clausthal, en Allemagne, près d'un million de vieux pins et ont menacé d'une ruine complète le Hartz et la Souabe. En 1810, il fallut brûler entièrement, dans le département de la Roër, la forêt de Tameswald, qu'ils avaient envahie et, plus récemment encore, on dut abattre, dans les forêts royales de la Prusse orientale, plus de 24,000,000 de mètres cubes de sapins qui périssaient victimes de ces terribles insectes.

Sur les contreforts des Pyrénées, d'autres parasites étiolent en quelques mois de robustes châtaigners, tandis que les plantations de la Corse et de la Provence sont périodiquement en butte aux attaques des Mouches et des Kermès de l'olivier, des Cochenilles du citronnier et de l'oranger qui détruisent parfois le tiers de la récolte.

Criquet pèlerin.

Mais ces ravages ne sont rien en comparaison de ceux qu'exercent en Égypte, en Algérie, dans l'Afrique australe, dans le midi de la France, en Hongrie, dans les provinces danubiennes, en Russie et aux États-Unis diverses espèces d'Orthoptères que l'on désigne souvent à tort sous le nom de *Sauterelles* mais qui appartiennent en réalité au groupe des Criquets ou Acridiens. Les Criquets, jeunes et adultes, aiment à vivre en société et forment des troupes immenses qui se transportent rapidement d'une contrée à l'autre et qui, en s'abattant, couvrent fréquemment de leurs rangs serrés des espaces de terrain de 1,000 à 5,000 mètres carrés. Parfois même ce sont des étendues de 40, 50, 100, 1,000 ou même 2,000 hectares qui sont occupés rapidement par des vols successifs; aussi, M. J. Künckel d'Herculais, qui étudie en Algérie les moyens de combattre ces ennemis redoutables, croit-il pouvoir affirmer que dans certains cas les hordes de Criquets atteignent le chiffre vraiment fantastique de 5 à 6 milliards d'individus! « Les graminées, dit M. Künckel, constituent la nourriture de prédilection des Acridiens; dans les conditions naturelles, celles qui vivent à l'état sauvage auraient seules à souffrir de leur voracité; mais l'homme leur offre d'immenses espaces couverts de plantes savoureuses : blé, seigle, orge, avoine, ils sont trop heureux de faire la moisson pour leur propre compte et ils ne se font pas faute de manger leur blé en vert. La faim, toutefois, est un grand maître, et, lorsqu'ils sont privés de leurs aliments favoris, ils attaquent tous les végétaux cultivés, quels qu'ils soient : bourgeons, feuilles, grappes de la vigne, pousses, tiges des arbres, tombent sous leurs mandibules. Pressés par la famine, ils ne dédaignent même pas les plantes qu'ils respectent ordinairement : lauriers roses, lentisques, palmiers nains, sont rongés faute de mieux. Mourant de faim, ils s'attaquent aux écorces, et l'on en a vu, captifs, dévorer des voiles de bateaux abrités sous des hangars, déchiqueter des rideaux, du linge, des habits, et ronger du papier. Malheur à celui qui périt, son cadavre est immédiatement dévoré par ses compagnons. »

Partout où ils passent, les Criquets sèment la ruine et la désolation. En 1886, ils ont fait subir à notre colonie un dommage d'environ 50 millions et, en 1888, le territoire civil du département de Constantine a perdu environ 35 millions. Aux États-Unis, les pertes causées par des insectes du même groupe, dans les États de l'Ouest et en Californie, se sont élevés en 1874, à 45 millions de dollars, et de 1874 à 1877 à 100 millions de dollars, ou plus exactement, en tenant compte des pertes secondaires, à 200 millions de dollars ou 1 milliard de francs.

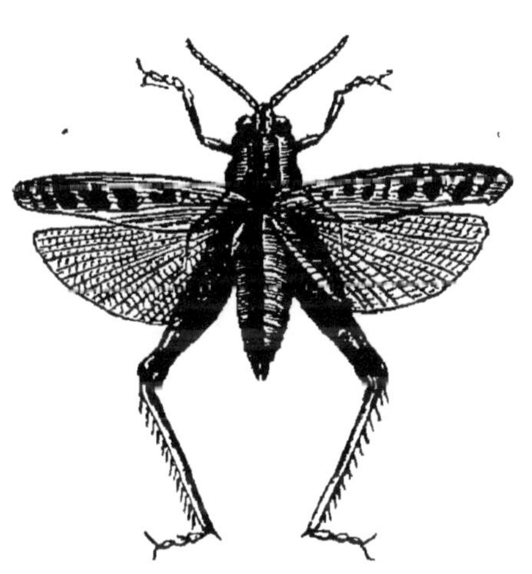

Criquet d'Italie.

Dans nos pays, les céréales ont leurs racines rongées soit par le Ver blanc ou *Man* qui, comme chacun sait, n'est autre chose que la larve du Hanneton, soit par les larves du Taupin et du Zabre ou *Carabe bossu*. Plus tard, quand tout promet une abondante moisson, les épis ont à subir les attaques des Charançons, de petites Mouches appelées Chlorops et Cécidomyies et des Chenilles voraces de la Noctuelle et de l'Alucite ou *Teigne des grains*. « Les ravages de l'Alucite, dans certains départements, sont étonnants, dit M. de la

Sicotière. On les évaluait, dans l'Indre, à plus de 500,000 hectolitres en 1838. On constatait que le blé qu'elle attaquait subissait une dépréciation en moyenne de 30 à 40 pour cent. » La substance farineuse des grains est remplacée par les excréments, la peau et les débris des Alucites qui communiquent au blé et au seigle un goût nauséabond, et l'usage de pain fabriqué avec la farine alucitée peut occasionner des ulcérations de la gorge très dangereuses et provoquer même des accidents mortels.

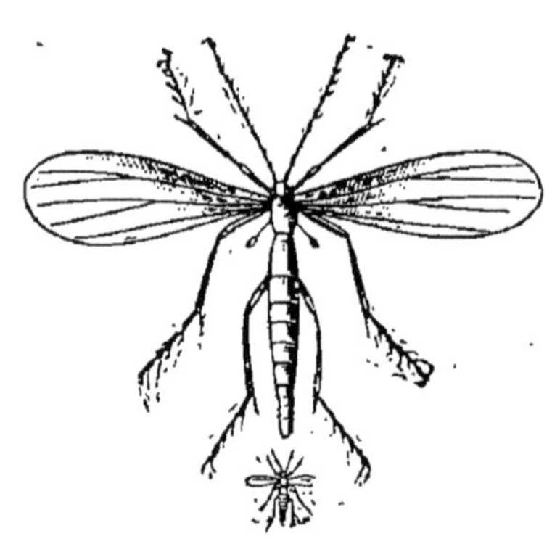
Cécidomyie destructive.

En 1875, d'après M. Letellier, il n'y avait, pour ainsi dire, pas, dans les champs voisins d'Alençon, un seul épi de blé qui ne fût atteint par la Cécidomyie et, dans certains épis, sur 60 grains, il y en avait 25 attaqués. Déjà vingt ans auparavant, par le fait de ce parasite, les récoltes avaient été gravement compromises et, dans un de nos départements de l'est, la perte subie par les cultivateurs, pour une seule année, s'était élevée au chiffre considérable de 4 millions de francs.

Les Charançons du blé, dont un seul couple produit, si l'on en croit M. Mulsant, plus de 6,000 descendants par an, ont détruit en 1849 pour 100 millions de céréales dans les diverses contrées de l'Europe, et le docteur Candèze raconte qu'on a vu, sur le territoire de sept communes des environs de Huy, en Belgique, des champs de seigle entièrement rasés, sur une étendue de 114 hectares, par la larve du Zabre ou Carabe bossu.

Quant aux Vers blancs, appelés aussi *Turcs, Moards, Coquins, Chevrettes* et *Engraisse-poules*, ce sont assurément les plus terribles ravageurs non seulement des céréales, mais encore des cultures de betteraves, des champs de houblon, des prairies naturelles et artificielles. En 1867, M. Reiset évaluait à 25 millions de francs les ravages qu'ils avaient fait éprouver aux récoltes, dans le seul département de la Seine-Inférieure, l'année précédente. « On comprendra, dit M. de la Sicotière, l'énormité de ces chiffres en voyant que, près de Villepreux (Seine-et-Oise), on a ramassé jusqu'à 60,000 Vers blancs dans un champ d'un seul arpent et dans la Somme 49,500 dans un hectare; que l'on en a trouvé parfois un décalitre presque plein autour d'une seule souche; que M. Vibert estime à 25,000 par arpent ceux qui dévastèrent ses plants de rosiers et lui firent perdre plus de 50,000 pieds en 1825 et 1826; que leur avidité est telle que, d'après les observations du même horticulteur, ils dévorent fréquemment les extrémités des échalas et vont jusqu'à pratiquer à l'intérieur de petites cellules ».

Larve de Hanneton ou Ver blanc.

Pour le colza, une monographie faite par M. Focillon constata, d'après des expériences faites sur une récolte dépendant de l'ancien Institut agronomique de Versailles, que, sur vingt siliques prises au hasard et fournissant 504 graines, 296 graines seulement étaient saines; le surplus avait été mangé ou arrêté dans son

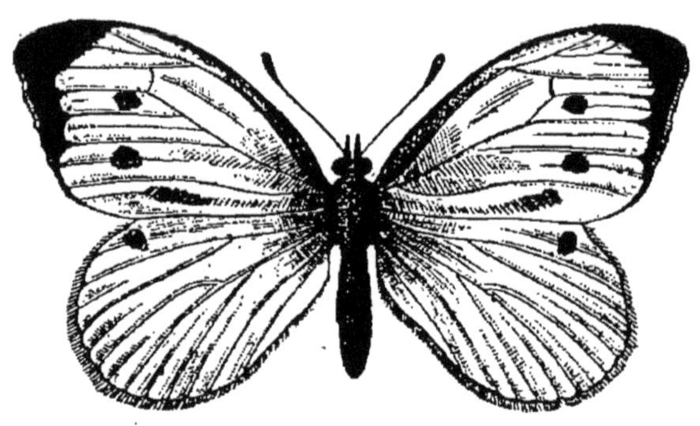

Piéride du chou.

développement par les insectes, et que, par suite, il y avait une perte en huile de 32,8 pour cent, de telle sorte que, pour une récolte qui aurait donné un produit de 7,200 francs, le rendement n'avait été que de 4,500 francs.

En septembre 1891, aux environs de Montbéliard et sur le territoire de Belfort, les feuilles de choux étaient entièrement mangées dans leurs parties molles par les chenilles de Piérides qui n'avaient respecté que les nervures. Dans quelques localités mêmes ces chenilles vertes montaient en files nombreuses le long des façades des maisons, pénétraient dans les appartements par les fenêtres, au grand dégoût des habitants, et venaient accrocher leurs chrysalides jusque sous les oits. Elles ne disparurent qu'avec les premières gelées, après avoir privé les paysans d'une ressource alimentaire très importante.

Il y a une trentaine d'années, les pommes de terre, déjà si éprouvées par diverses maladies, furent menacées de l'invasion du Doryphore du Colorado, qui

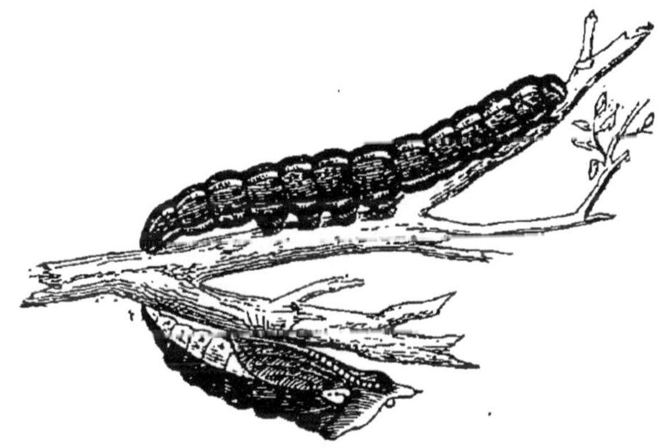

Chenille et chrysalide de la Piéride du chou.

avait été signalé en Allemagne et dont on pouvait craindre l'acclimatation dans notre pays. Ce Coléoptère, dont la fécondité est effrayante et qui se métamorphose avec une déplorable rapidité, a causé, en 1866, pour plus de 6 millions de dégâts dans une partie assez restreinte du territoire des États-Unis. On peut juger par là des ravages qu'il aurait produit dans notre pays si des mesures énergiques n'avaient empêché son invasion. Maintenant il faut lutter contre le Silphe opaque qui, après avoir exercé ses ravages en Suède et en Allemagne, vient constituer pour les cultures de betteraves du Nord de la France un danger des plus sérieux que n'ont pu conjurer jusqu'ici ni l'existence de parasites s'attaquant à cette espèce nuisible, ni l'emploi d'insecticides d'un maniement plus ou moins dangereux.

Je pourrais parler encore des Courtilières ou Taupes-Grillons qui, sur certains points, coupent les racines des céréales et du gazon, des Charançons du trèfle et du colza, des Chrysomèles de l'orge et du sarrazin, des Pucerons du sainfoin et du houblon, des Bruches des pois, des lentilles et des fèves, des Altises des choux, des Criocères du lis et de l'asperge, des Chenilles des groseillers; je pourrais rappeler les dégâts que causent dans les jardins et les maisons les Fourmis noires et rousses qui, cependant, ne peuvent rivaliser, sous le rapport de la voracité, avec les Termites des contrées tropicales, ni même avec les Termites lucifuges de l'ouest de la France; je pourrais enfin mentionner ces Guêpes qui gâtent nos plus beaux fruits, ces Tipules qui pullulent dans les coins humides de nos potagers, ces Cousins qui, durant l'été, rendent le séjour de certaines contrées véritablement insupportable, au Nord aussi bien qu'au Midi, en Laponie comme sur les bords de la Méditerranée, ces Taons, qui harcèlent nos chevaux, ces Œstres et ces Hypodermes, qui déposent leurs œufs sur la peau de nos animaux domestiques; mais je crois inutile de pousser plus loin l'énumération de ces ennemis acharnés dont chacun de nous peut apprécier l'effrayante puissance de multiplication

Altise du chou.

et la dévorante activité. Je me contenterai d'emprunter au Rapport de M. de la Sicotière les lignes suivantes que je livre aux méditations de mes lecteurs : « En admettant que la production, en France, année moyenne, soit de 48 millions d'hectolitres de vin, de 95 millions d'hectolitres de blé, de 32 millions de quintaux de betteraves, et que cette production, dans son ensemble, représente une valeur de 3 milliards, il faut reconnaître, avec un savant entomologiste, M. Guérin-Menneville, que les dommages annuels atteignent le dixième, le cinquième, parfois même le quart des récoltes, soit, au *minimum*, 300 millions. Dans cette évaluation ne sont pas compris les 300 millions du Phylloxéra. C'est donc un impôt total de plus de 600 millions, de près d'un milliard, suivant quelques économistes, c'est-à-dire *deux ou trois fois plus lourd que l'impôt foncier, y compris les centimes additionnels*, que les insectes nuisibles prélèvent chaque année sur nos récoltes!

« Et cet impôt va toujours en croissant! »

A quels chiffres fût arrivé M. de la Sicotière, s'il eût fait entrer en ligne de compte les ravages accomplis par les Rongeurs dont il n'avait pas à s'occuper dans son Rapport? Les Souris vulgaires, qui se sont répandues successivement sur toute la surface du globe, causent déjà isolément certains dégâts dans les habitations, en dévorant les provisions, les livres, les papiers, mais ces dommages ne sont rien en comparaison de ceux qu'elles occasionnent en se multipliant dans les campagnes. Pour en donner une idée, je rappellerai, d'après le docteur Gloger, qu'en 1856, dans le duché d'Anhalt, un propriétaire estimait à 50,000 francs les pertes que les Souris lui avaient fait subir dans cette seule année et que l'année suivante ces Rongeurs étaient encore si nombreux qu'on en captura 200,000 en sept semaines, dans un seul domaine.

La propagation des Mulots est encore plus préjudiciable aux récoltes que celle des Souris. Les Mulots, que l'on désigne vulgairement sous les noms de *Souris des Bois*, de *Souris de terre*, de *Rats des champs*, de *Rats à courte queue* et que l'on confond souvent soit avec les Souris ordinaires, soit, ce qui est plus regrettable, avec les Musaraignes, c'est-à-dire avec des Mammifères utiles, les Mulots, dis-je, creusent dans les bois, les champs et les jardins des galeries plus ou moins compliquées où ils se retirent en cas de danger et où ils logent leurs provisions ; ils bouleversent les terres récemment ensemencées, dévorent le grain, rongent les racines, déchaussent les jeunes plants et causent d'énormes ravages, ainsi qu'on a pu le voir en 1881, principalement en Beauce et dans l'est de la France.

Les Rats noirs et bruns peuvent être comptés parmi les ennemis les plus redoutables de l'espèce humaine. Sans parler des dégâts qu'ils font à bord des navires, dans les ports, dans les berges des canaux, dans les digues, dans les fondations des habitations et des édifices publics, ils constituent pour l'agriculture une menace perpétuelle et peuvent, en quelques jours, anéantir les récoltes d'une année entière. Quoique moins puissamment armés que les Rats, les Campagnols sont encore plus dangereux pour le cultivateur, en raison de leur régime et de leurs habitudes fouisseuses. M. E. Gayot n'hésite même pas à comparer les ravages causés par les Campagnols des champs aux

Campagnols des champs.

plus grandes calamités dont l'agriculture ait à souffrir, et les juge plus terribles que les désastres causés par la gelée ou par la grêle. En une ou deux nuits des champs de céréales sont complètement dépouillés de leurs épis par ces insatiables Rongeurs. Après la moisson commence une autre série de déprédations. Les Campagnols se jettent dans les prairies artificielles, dans les champs de trèfle, de luzerne et de sainfoin, qu'ils laissent dans un état pitoyable, après avoir rongé les feuilles et les tiges et coupé les plantes au-dessus du collet. Au printemps, enfin, ils s'attaquent aux semailles et trouvent ainsi en toutes saisons un aliment à leur voracité.

Sans remonter jusqu'aux siècles passés, nous rappellerons qu'en 1801, à la suite d'un hiver très doux, d'énormes quantités de Campagnols se montrèrent dans les départements de la Vendée, des Deux-Sèvres et de la Charente-Inférieure, où la terre fut bouleversée sur une étendue de quarante lieues. D'après l'évaluation de la commission nommée par l'Institut, les dévastations commises par ces Rongeurs en dix-huit mois, sur le territoire de quinze communes, anéantirent un capital de près de deux millions. A la même époque, les plaines de la Belgique et de l'Alsace furent également désolées par le fléau, qui sévit de nouveau en 1810, en 1821, en 1822, en 1856 et en 1861, soit dans l'une et l'autre de ces contrées, soit dans les deux pays à la fois, ainsi que dans différents districts de l'Allemagne. En 1856, d'après Lenz, on prit, aux environs de Breslau, dans une grande propriété, jusqu'à 200,000 Campagnols qui furent livrés à la fabrique d'engrais de la ville, et, en 1861, d'après Brehm, on captura 400,000 Rongeurs de la même espèce aux environs d'Alsheim, dans la Hesse rhénane. En 1865, et surtout en 1866, en 1867, en 1881 et en 1882, le département de l'Aisne, les plaines de la Beauce et le département du Doubs eurent tellement à souffrir des ravages des Campagnols que les plus vieux cultivateurs ne se rappelaient pas avoir vu aussi maigre récolte. Pour le département de l'Aisne seulement, en 1882, les pertes furent évaluées à 13 millions de francs !

Comme je le faisais remarquer dans un Rapport présenté au Congrès d'agriculture réuni à Paris en 1889, il faut chercher les causes de ces apparitions de nuées de Rongeurs bien moins dans certaines perturbations atmosphériques que dans l'incurie dont font preuve beaucoup de cultivateurs. Trop souvent, ceux-ci ne voient le péril que lorsqu'il est déchaîné et même alors, au lieu de s'entendre avec leurs voisins, ils laissent l'ennemi chercher un refuge et réparer ses forces dans un champ mal surveillé, alors qu'il a été chassé des champs voisins par des propriétaires plus vigilants. Bien plus, dans cette lutte, loin de tirer parti des auxiliaires fournis par la nature, ils se privent, comme à plaisir, de leurs bons offices.

Ces auxiliaires naturels ce sont d'abord quelques Rapaces nocturnes, que, depuis cinquante ans, une foule de naturalistes, dignes de foi, depuis Temminck jusqu'à Brehm, depuis l'abbé Vincelot jusqu'à M. Lemetteil, signalent comme les meilleurs amis de l'agriculture. L'ornithologiste anglais White n'a-t-il pas compté qu'un seul couple d'Effraies capturait en un jour au moins 150 petits Rongeurs, faisant ainsi autant de besogne qu'une dizaine de chats et des plus habiles? Lenz n'a-t-il pas observé que les Mulots, les Souris et les Campagnols forment le fond de la nourriture de la Chevêche, qui, d'après ses calculs, détruit, bon an, mal an, plus de 1,400 de ces animaux nuisibles? Il est vrai que, plus récemment, le Docteur Altum et M. F. Lataste ont retrouvé des restes de Chauves-

Effraye commune.

Souris, de Taupes et de Musaraignes, c'est-à-dire d'animaux utiles, dans des pelotes qui avaient été régurgitées par des Hiboux et des Chouettes; mais ces observations, d'ailleurs fort exactes, démontrent seulement, à mon sens, que ces Rapaces nocturnes ne sont pas exclusifs dans le choix de leur nourriture, et, à défaut de Rongeurs en nombre suffisant dans la localité où ils se trouvent, dévorent, pour satisfaire leur robuste appétit, toutes sortes de petits Mammifères. Au contraire, dans les *années à Souris* et dans les localités où les Rongeurs pullulent, ceux-ci doivent constituer le fond de l'alimentation sinon la nourriture exclusive des Oiseaux de nuit. On a du reste remarqué, lorsque plusieurs forêts de l'Angleterre ont été dévastées au commencement du siècle par de formidables invasions de Campagnols, que des Chouettes ont fait en même temps leur apparition et, de concert avec d'autres Rapaces et divers Carnassiers, se sont mises immédiatement à l'œuvre, chassant activement les Campagnols et visitant sans relâche les fosses creusées pour ces Rongeurs. Aujourd'hui encore, où le même fléau sévit sur les frontières d'Ecosse, toutes les personnes sensées n'hésitent pas à attribuer la multiplication effrayante des Campagnols à la destruction presque totale des Hiboux et des Chouettes qui peuplaient jadis la contrée.

Comme le dit M. de Tschudi, les Rapaces nocturnes sont d'ailleurs, avec les Engoulevents, les seuls oiseaux qui puissent faire la chasse aux Papillons de nuit et aux insectes crépusculaires dont les larves figurent au nombre des plus redoutables ennemis de l'agriculture.

Même parmi les Oiseaux de proie diurnes que l'on proscrit en masse sous le prétexte que plusieurs d'entre eux font la chasse au gibier à poil et à plume, combien en pourrions-nous citer dont la cause mériterait d'être revisée et qui, après examen, seraient reconnus innocents de crimes qu'on leur impute. Prenons par exemple les Buses ordinaires que l'on a maintes fois inscrites dans les listes d'animaux nuisibles. Eh bien,

Scops d'Europe.

voici ce qu'écrivait tout récemment M. d'Hamonville au sujet de l'espèce commune : « J'ai eu entre les mains des Buses vulgaires de tout âge et à toute époque de l'année et je dois le dire à leur louange, que je n'ai jamais trouvé dans leur estomac ni gibier, ni volaille ; sur vingt observations de ce genre, j'ai constaté dix-huit fois, dans le gésier, la présence de Souris, Campagnols, Mulots, Orvets ». Blasius, de son côté, a découvert un jour dans l'estomac d'une Buse les restes de 30 petits Rongeurs et, en admettant même que ce chiffre soit exceptionnel, en réduisant à une dizaine le nombre des Mulots, Campagnols et Lérots *consommés journellement*, on n'en arriverait pas moins, avec Lenz, au chiffre de 3.630 Rongeurs exterminés *par une seule Buse*. Comptez maintenant ce que peut détruire une famille de ces Rapaces, composée du père, de la mère et de quatre ou cinq petits ; songez à l'innombrable postérité qu'auraient pu avoir les Rongeurs détruits par ces oiseaux, et vous trouverez certainement que les Buses nous paient au centuple le préjudice qu'elles causent çà et là par le meurtre d'un jeune Lièvre ou d'un Perdreau.

Peut être pourrait-on même plaider l'admission de circonstances atténuantes pour la Buse bondrée, qui peut être dangereuse dans le voisinage des ruches, mais qui, ailleurs, détruit les nids de Guêpes et dévore de grandes quantités de Mouches et de Coléoptères.

La Cresserelle, presqu'universellement condamnée, est chaudement défendue par M. le baron d'Hamonville qui a observé, pendant plus de vingt ans, des couples de ces oiseaux nichant dans une des tours de son château et qui n'a jamais aperçu dans leurs nids qu'un Orvet, un jeune Pigeon et un Passereau, mais qui y a trouvé en revanche des élytres de Hannetons, des Campagnols, des Mulots et des Souris en abondance. D'après le même naturaliste, la Cresserine ou Cresserellette, qu'il a étudiée de très près en Algérie, serait également une espèce très utile par la chasse active qu'elle fait aux Rongeurs et aux gros insectes. Tel est aussi l'avis de Brehm qui a rencontré dans l'intérieur de l'Afrique de fortes bandes de Cresserines suivant les hordes de Criquets, et les décimant de leur mieux.

Les Faucons kobez ou aux pieds rouges, qui habitent surtout les contrées méridionales et orientales de 'Europe, le nord de l'Afrique et une partie de l'Asie, déploient encore plus de zèle dans la poursuite des Orthoptères; mais parmi les oiseaux acridophages ou mangeurs de Criquets il faut certainement placer en première ligne les Martins-roselins, sorte d'Étourneaux à manteau rose, qui poursuivent les Acridiens dans tout le cours de leurs migrations, les Martins tristes, autres Passereaux du même groupe à livrée sombre, qui ont rendu de si grands services à l'Ile de France et enfin les vrais Étourneaux qui, comme le fait observer M. Cretté de Palluel, contribueraient certainement à débarrasser l'Algérie des insectes qui la ravagent si l'on ne commettait pas l'insigne folie d'exterminer des milliers de ces oiseaux utiles. Plus modeste, mais très appréciable encore, pourrait être, si l'homme y consentait, le rôle des Merles de roche, des Traquets, des Alouettes, des Perdrix, des Outardes, des Glaréoles et de beaucoup d'autres espèces.

Nous venons de parler des Étourneaux. Dans notre pays même, ces passereaux ne demanderaient pas mieux que de se distinguer comme destructeurs de Hannetons. M. Lescuyer en a eu la preuve. Dans une exploitation agricole qu'il possédait à Badonvillers, dans la Meuse, un champ au sol fertile avait été, depuis 1883, choisi comme lieu de ponte par les Hannetons; aussi, le fermier, qui s'y rendit avec sa charrue au mois de mars 1885, prévoyait-il bien que de nombreux Vers blancs seraient mis à découvert, mais il était loin de s'attendre au spectacle qui allait s'offrir à ses yeux. « Dès les premiers sillons, dit M. Lescuyer, arrivèrent des Étourneaux qui se mirent tout de suite

Étourneau vulgaire.

à l'ouvrage. Le nombre de ces oiseaux augmenta et, à la fin de la journée, il y en avait une cinquantaine.

« Le labourage a duré quatre journées et, chaque jour, le nombre des Étourneaux s'est de plus en plus accru ; à la fin, il y en avait une centaine.

« Aussitôt qu'un sillon s'ouvrait, la bande d'Étourneaux se ruait sur les vers et ne leur laissait pas le temps de se retourner et de rentrer dans le sable. On voyait alors ces oiseaux bondir comme les enfants sous la volée de bonbons que jette le parrain en un jour de baptême. La joie était d'autant plus grande, que les Étourneaux portaient la plus grande part de leurs captures à leurs petits. Aussi les voyait-on se diriger à deux ou trois kilomètres sur la lisière d'une grande forêt ». Comme ils suivaient la charrue à trois ou quatre mètres de distance, le fermier pouvait observer facilement leurs manœuvres qui l'intéressaient vivement :

« En deux ou trois coups de bec, l'oiseau saisissait l'insecte, lui arrachait la tête et les pattes et l'avalait ; le plus souvent, on les voyait emporter d'une seule becquée deux ou trois gros vers. C'est ainsi qu'en quatre jours de travail, la pièce fut purgée de Rongeurs qui auraient détruit tout le blé de l'année 1885-86 ; de plus, ces insectes auraient donné lieu à une reproduction très considérable qui aurait attaqué la contrée entière. »

Ce fait, que nous trouvons consigné dans l'intéressante brochure intitulée *Régime alimentaire des oiseaux*, n'est nullement isolé, et nous pourrions citer bien d'autres exemples de l'utilité des Étourneaux. Rappelons seulement que le naturaliste allemand Lenz a constaté que, lorsque ces Passereaux ont des petits, ils leur apportent à manger le matin toutes les trois minutes, le soir toutes les cinq minutes ; ce qui fait, le matin, pour sept heures, 140 Limaces, Sauterelles, Chenilles, etc., et le soir 84. Comme les parents mangent pour leur part une dizaine des mêmes animaux dans l'espace d'une heure, soit 140 en quatorze heures, Lenz compte qu'une famille d'Étourneaux consomme environ 364 insectes ou mollusques nuisibles dans une seule journée, et davantage encore quand les petits ont pris leur essor. Enfin, comme il y a généralement, dans le cours de la belle saison, deux couvées de quatre ou cinq petits, cet ingénieux observateur estime, sans exagération aucune, à 840 le nombre de Limaces ou de Chenilles détruites journellement par un seul couple et par ses descendants directs.

En Angleterre les Freux forment, dans les parcs des lords, des colonies nombreuses que l'on se contente de ramener de temps en temps à des limites raisonnables : en France au contraire, ils sont l'objet des vexations continuelles. Dans les jardins publics de nos grandes villes, les persécutions exercées contre les Freux peuvent être justifiées, parce que ces oiseaux ne sont pas en bonne harmonie avec les Merles et les Ramiers, parce qu'ils incommodent les promeneurs par leur saleté et leurs cris assourdissants; mais en est-il de même dans les campagnes? Evidemment non. Le Docteur J. Franklin estime même qu'à l'exception des Cigognes, il n'y a peut-être point d'êtres aussi utiles que les Freux. « Evaluez, dit-il, à une demi-livre la nourriture de chaque Freux par semaine — c'est là une moyenne bien modérée — et représentez-vous que les neuf dixièmes de cette nourriture consistent en vers, en insectes, en larves. Vous leur pardonnerez alors, j'aime à le croire, les ravages qu'ils font dans les champs — pendant très peu de semaines — à l'époque des semailles ou de la moisson, d'autant que, même à cette époque de l'année, la plus grande portion de leur nourriture consiste en matière animale. » Le savant auteur de la *Vie des animaux* a vu, dans son voisinage, de grandes bandes de Freux purger en peu de temps la contrée d'une énorme volée de Sauterelles qui excitait à juste titre les inquiétudes des paysans et M. de Cherville a été témoin, aux portes de Paris, de la chasse aux Hannetons que les Freux faisaient chaque matin sur la lisière d'une forêt et dans les jardins environnants. « Parfaitement au courant des mœurs de leur gibier, ces oiseaux, dit-il, savent que c'est là surtout qu'il faut chercher ces coléoptères qui tendent sans cesse à se rapprocher des terres meubles, les seules où ils puissent déposer leurs œufs. Pendant une heure ou deux, nous les voyons volant d'arbre en arbre, picorant leur proie, puis l'épluchant et ne craignant pas de venir ramasser sur le sol ceux que leurs mouvements ont fait tomber. »

Les Corneilles noires et mantelées méritent certes plus d'indulgence qu'on ne leur en accorde généralement, car Florent Prévost s'est assuré que si pendant une quinzaine de jours elles causent quelques dégâts dans les terres nouvellement ensemencées, durant tout le reste de l'année elles font une chasse active aux Limaces, aux Hannetons et aux Vers blancs. Les Geais eux-mêmes ne se nourrissent pas exclusivement des fruits du chêne, mais consomment aussi beaucoup d'insectes et de mollusques et, d'ailleurs, en becquetant les glands, contribuent dans une certaine limite à la dissémination des graines.

La cause des Moineaux peut paraître moins facile à défendre, que ces Passereaux viennent d'être, aux Etats-Unis, l'objet de mesures extrêmement rigoureuses, à

Corneille noire.

la suite d'une enquête qui leur avait été généralement défavorable. Toutefois, il importe de remarquer que les conditions ne sont pas du tout les mêmes des deux côtés de l'Océan et que telle espèce, utile ou inoffensive dans un pays, peut devenir nuisible dans un autre pays où elle se multiplie sans entraves. Si donc les Américains ont raison (et l'avenir seul pourra le prouver) d'exterminer les pauvres Pierrots qu'ils avaient introduits inconsidérément chez eux après avoir détruit en partie leurs oiseaux indigènes, il n'en résulte nullement que nous devrions supprimer chez nous ces mêmes oiseaux qui ne sont pas assez nombreux pour constituer un danger et que nombre d'auteurs, des plus compétents, regardent au contraire comme de précieux auxiliaires de l'agriculture.

Moineau domestique.

Comment admettre que Geoffroy-St-Hilaire, de Tschudi, de Quatrefages, Toussenel, Guérin-Méneville, Châtel de Vire et tant d'autres, se soient trompés quand ils ont proclamé l'utilité des Moineaux? Vous n'ignorez pas ce qui s'est passé en Prusse où le grand Frédéric, furieux de voir les cerises de ses vergers picorées par les Moineaux, proscrivit ces oiseaux de ses États, mais fut obligé de promettre des récompenses à ceux qui en ramèneraient quelques couples, l'absence des Moineaux ayant laissé le champ libre aux insectes qui empêchaient les fruits de mûrir.

Vous savez peut-être que Macgillivray ne craignait pas d'affirmer que la culture des choux serait totalement impossible aux environs de Londres sans le secours des Moineaux, qui savent découvrir sous les feuilles les œufs et les petites larves des Piérides et autres insectes nuisibles aux plantes potagères. D'après M. de la Sicotière, lors de l'enquête ouverte par M. Ducuing, au sujet des ennemis et des auxiliaires de l'agriculture dans notre pays, les témoignages favorables au Moineau constituaient une imposante majorité.

« On prétend, dit M. de la Sicotière, qu'il consomme par an quatre décalitres de blé. C'est une évidente exagération, car il ne peut manger le blé que pendant le temps, assez court, qui sépare de la récolte la commencement de la maturité et pendant les semailles; encore faut-il reconnaître qu'il ne s'abat guère dans les sillons où la terre humide vient de recevoir le grain, ou du moins qu'il y consomme surtout celui qui n'a pas été enterré par la charrue et qu'en été, dans les champs de céréales, il picore, avec le grain, bon nombre de graines parasites, d'œufs, de vers, d'insectes nuisibles. Il préfère certainement les insectes nuisibles au grain lui-même. Mais, en supposant même que chaque Moineau dépense par an quatre décalitres de blé et que, d'un autre côté, par la destruction, qu'il fait par milliers, des Hannetons, des chenilles, des vers, il préserve d'une perte certaine des centaines de litres de blé et de graines, ne serait-il pas plutôt utile que nuisible? »

On sait d'ailleurs aujourd'hui, par des observations précises et maintes fois répétées, que les Moineaux fournissent à leurs petits une nourriture animale et que, dans tous les cas, pendant une grande partie du printemps et de l'été, ces oiseaux, soi-disant granivores et en réalité omnivores, deviennent franchement insectivores. Il y a une trentaine d'années, un couple de Moineaux ayant fait son nid sur une terrasse de la rue Vivienne, à Paris, un négociant, M. Rey, remarqua que des élytres de Hannetons étaient rejetées du nid; il les receuillit jour par jour, pendant tout le temps que dura l'éducation des jeunes, et en compta 1,400, ce qui représentait 700 insectes détruits pour l'alimentation d'une seule couvée. Comme le fait observer M. Bonjean, ce chiffre est d'autant plus remarquable qu'il a été constaté dans une ville où les Moineaux trouvent autour d'eux une nourriture abondante qui doit rendre leur chasse aux insectes moins active qu'en rase campagne. Dans ces dernières conditions, nos Pierrots peuvent sans doute atteindre chaque semaine le chiffre de 2,000 à 3,000 larves, chenilles, Hannetons ou Sauterelles que plusieurs auteurs portent à leur actif. M. de Montessus ne les a-t-il pas vus dans son jardin, à Chalon-sur-Saône, débarrasser complètement en quelques jours un poirier des chenilles qui en rongeaient les feuilles?

Hanneton.

Ce que nous venons de dire du Moineau s'applique

à beaucoup d'autres Passereaux rangés dans la catégorie des Granivores. Ainsi, en faisant l'autopsie d'une Linotte, M. Froidefond a trouvé le jabot bourré de petits vermisseaux, de graines de composées et d'un gros fragment d'une Courtilière lacérée à coups de

Chardonneret élégant.

bec et le gésier rempli de grains de sable, de brins d'herbe et de débris de chenilles. Le Pinson, d'après M. Trillon, est particulièrement friand de pépins de pommes et préfère l'avoine aux autres céréales, mais pendant la belle saison il recherche avidement les insectes et particulièrement les asticots. Le Bruant jaune et le Bruant zizi se contentent en hiver des balayures des granges et en automne des semences de quelques graminées ; le Chardonneret vit surtout aux dépens de la Bardane, de l'Aulne, du Bouleau, des Chardons et de diverses Composées nuisibles aux cultures. L'Alouette des champs se nourrit surtout de vers, de chenilles, de Grillons, de Sauterelles, d'œufs de Fourmis, de Cécidomyies et de Taupins; l'Alouette lulu et la Farlouse ont à peu prés le même régime et joignent à peine quelques grains de blé, de seigle, de millet ou de chènevis aux petites limaces, aux chrysalides, aux larves, aux mouches et aux coléoptères qui constituent le fond de cette alimentation.

Des milliers de vers, de larves, de chenilles, de chrysalides, de papillons et d'autres insectes mélangés à quelques graines, à quelques restes de fraises, de groseilles, de cerises, de fruits de rosiers sauvages, tel était exclusivement le contenu de l'estomac de plusieurs centaines de Fauvettes d'hiver tuées à diverses époques de l'année et examinées par M. F. Prévost. L'exemple cité par M. Lefèvre d'un Rouge-queue qui, en une heure, captura 600 mouches peut donner une idée de ce que les oiseaux de cette espèce peuvent faire de bien dans nos vergers. Comment exprimer par des chiffres les services que nous rendent les Rouges-gorges qui sont nos hôtes familiers depuis le printemps jusqu'à l'arrière saison, les Fauvettes des jardins et les Fauvettes à tête noire qui se chargent, durant toute la belle saison, de nettoyer nos arbustes et nos légumes des myriades d'êtres malfaisants invisibles à nos yeux, les Rossignols, dont la nourriture essentielle consiste en larves de Coléoptères xylophages, les Traquets, ces vignerons diligents que le docteur Turrel nous montre fouillant les fentes des ceps pour y saisir les chenilles des Pyrales, les larves des Eumolpes et des Attelabes, les Troglodytes et les Roitelets qui, grâce à leur petitesse, pénètrent dans les

Fauvette d'hiver ou Accenteur mouchet.

moindres recoins et s'insinuent à travers les haies les plus touffues? On a calculé qu'une paire de Troglodytes apportait une cinquantaine de fois par heure la becquée à ses petits et que, par conséquent, elle recueillait environ 500 œufs de papillons et d'araignées, ou 500 larves ou 500 moucherons dans une journée, de 3 à 4,000 dans une semaine, et environ 12,000 depuis la naissance des jeunes jusqu'à l'achèvement de leur éducation. Et à ce chiffre il convient d'ajouter quelques milliers d'insectes destinés à l'alimentation des parents.

Les Mésanges font de meilleure besogne que les insecticides dans la guerre contre les Pyrales, les Nonnes, les Lophyres, les Lamies et autres ennemis des forêts et des vergers.

Troglodyte mignon.

« Quand un vol de Mésanges bleues s'est emparé d'un cerisier oû d'un pommier, dit M. Eugène Rambert, il n'en a pas pour longtemps à le nettoyer. Toutes les branches, toutes les feuilles, sont examinées dessus, dessous, en tous sens. Cette chasse se fait en jouant, en sifflant, comme toutes les chasses de Mésanges, mais non sans précaution, car ce jardinier charmant, auquel nous devons chaque année une partie de nos récoltes, a peur de rien gâter, et quand il fait au printemps la revue des arbres en fleurs, cherchant sa proie de corolle en corolle, il sait, d'un bec délicat, piquer le ver sans blesser le fruit. » D'après M. de la Sicotière, une seule Mésange consomme par an au moins 200,000 insectes, œufs ou larves, et durant les 21 jours qui lui sont nécessaires pour élever sa nombreuse couvée, un couple de ces oiseaux détruit près de 40,000 chenilles, grosses et petites.

Mésange bleue.

Les Huppes, considérées dans certains pays comme des oiseaux de mauvais augure, mériteraient au contraire d'être regardées d'un œil favorable, car elles se chargent de la besogne dégoûtante de chercher les larves qui grouillent dans le fumier et suppriment ainsi, dit-on, beaucoup de Courtilières et de fausses chenilles du Lophyre du pin.

Les Grimpereaux et les Sittelles rivalisent de zèle avec les Mésanges, les Torcols et les Pics à la langue gluante, pour débarrasser les troncs et les branches des arbres de leurs parasites. Non contents de saisir avec leur langue visqueuse les Fourmis et les larves des Coléoptères qui circulent le long de l'écorce ou se cachent dans ses fentes, les Pics entament les couches superficielles du bois avec leur bec robuste et vont chercher l'ennemi jusque dans sa

Pics épeiches.

retraite profonde ; mais, on ne saurait trop le répéter,

ils ne s'attaquent jamais à des arbres sains et vigoureux. « Examinez de près l'arbre sur lequel le Pic est à l'ouvrage, dit le Docteur J. Franklin, et vous reconnaîtrez que ce n'est point par méchanceté, ni pour son bon plaisir, qu'il coupe ainsi l'écorce des arbres et qu'il creuse son chemin dans l'épaisseur du tronc, car l'arbre sain et bien portant est le moindre objet de son attention. Les arbres malades, infestés d'insectes, rongés par les parasites, voilà ses favoris. »

On accuse, non sans raison, le Loriot d'aimer trop les figues, les cerises et le raisin, mais il suffit de lire la notice que lui a consacrée M. Cretté de Palluel pour être convaincu que ce magnifique oiseau rachète son péché de gourmandise par une foule d'actes des plus méritoires. Doué d'un appétit robuste, il dévore des quantités prodigieuses d'insectes et des plus redoutables, les chenilles du Grand et du Petit Paon de nuit qui sont funestes au Charme, aux arbres fruitiers, aussi bien que celles des Smérinthes et des Lasiocampes qui rongent les feuilles des Peupliers, des Saules, des Trembles, des Bouleaux, des Pommiers, des Pruniers, des Cerisiers et des Amandiers, les Papillons blancs du chou aussi bien que les Sauterelles vertes et les Hannetons.

Les Cailles et les Perdrix recherchent au moins autant les insectes et les vers que les graines; les Pigeons et les Colombes picorent çà et là les semences d'une foule de plantes parasites ou vénéneuses; les Vanneaux sont de grands destructeurs des Tarets, ce fléau des constructions navales et, au moment de leurs migrations d'automne, lorsqu'ils s'abattent dans les

Loriot jaune.

champs dépouillés de leurs récoltes, se livrent à une véritable orgie de vermisseaux, de concert avec les

Pluviers, les Chevaliers, les Bécasses et les Barges. Les Hérons, les Grues et les Cigognes se montrent au moins aussi avides de reptiles, de vers, de mollusques et de Rats d'eau que de poissons, et les Coucous eux-mêmes, en avalant force chenilles velues, semblent vouloir racheter les crimes qu'ils commettent, eux ou leurs jeunes, en détruisant les œufs ou les petits de divers Passereaux.

En résumé, la plupart, on peut dire hardiment les neuf dixièmes, des oiseaux sont franchement nos auxiliaires dans la lutte incessante que nous avons à soutenir contre les Rongeurs et les insectes; parmi les autres mêmes on en rencontre plusieurs qui compensent par quelques services les dégâts qu'ils commettent et c'est à peine si l'on peut citer dans notre pays une vingtaine d'espèces qui sont franchement nuisibles, comme les différents Aigles, le Gypaète barbu, le Balbuzard, l'Autour, l'Épervier, le Milan, le Grand-Duc, la Pie, etc.

Il y a certainement quelques auxiliaires qui prélèvent sur nos fruits et nos grains une contribution dont l'importance a d'ailleurs été singulièrement exagérée. Mais quel est l'ouvrier qui ne fait point payer sa peine? Et quand le travail a été bien fait, qui songe à marchander le salaire? Pourquoi le cultivateur se montre-t-il plus rigoureux à l'égard de l'oiseau? Pourquoi ne veut-il voir toujours et toujours que le préjudice causé, et jamais le service rendu? Et combien plus injuste et plus cruelle encore est sa conduite envers ces nombreux auxiliaires qui, comme les Hirondelles, les Martinets et les Becs-fins, se montrent à son égard absolument désintéressés, qui s'efforcent de

Coucou gris d'Europe.

le débarrasser des myriades d'êtres nuisibles à ses récoltes et qui, loin de rien exiger en retour, le charment encore par la grâce de leurs allures et la douceur de leurs chants !

On me dira que nous possédons, depuis quelques années, une loi fort bien faite concernant les insectes et les végétaux nuisibles, que l'échenillage a été rendu obligatoire et qu'il s'est constitué sur plusieurs points de notre territoire des syndicats pour le hannetonage ; on ajoutera qu'en Algérie la campagne contre les Criquets est menée avec une grande vigueur, qu'en France on emploie avec succès divers insecticides et et que l'on espère obtenir bientôt d'excellents résultats en favorisant le développement de certains champignons parasites des insectes, tout cela est très bien ; mais, lors même que l'homme possèderait des moyens plus mirifiques encore, serait-ce une raison pour qu'il se privât du concours gratuit d'êtres qui semblent spécialement destinés à limiter la multiplication des insectes nuisibles à la végétation et que la perfection de leur vue, la rapidité de leurs mouvements et la vigueur de leur appétit rendent particulièrement aptes à remplir ce rôle dans l'économie de la nature. « Qui donc, excepté l'oiseau, disait M. Bonjean dans son Rapport au Sénat, pourrait guetter et saisir le Charançon, long de 5 millimètres, quand, au milieu d'un champ de blé, il s'apprête à déposer ses œufs dans les grains en voie de formation ? Qui pourrait saisir le papillon de la Pyrale alors que, dans le même but, il voltige autour des ceps, ou la chenille du même insecte, quand elle sort au printemps, longue de 4 à 5 millimètres ? Qui pourrait surtout atteindre ces œufs et ces larves microscopiques, dont une seule Mésange consomme plus de 200,000 en une année ? »

On ne saurait trop répéter, avec M. Lescuyer, que le moyen le plus simple et le moins coûteux de prévenir les ravages des larves et des chenilles consiste à protéger les animaux qui les mangent et particulièrement les Rossignols, les Rouges-gorges, les Accenteurs, les Traquets, les Fauvettes ordinaires, les Fauvettes cisticoles, les Fauvettes aquatiques, en un mot tous les Becs-fins.

Après avoir étudié, avec une patience admirable, le régime de la plupart de nos oiseaux indigènes, le savant modeste dont j'ai déjà plusieurs fois cité le nom, Florent Prévost, affirmait hautement que si l'on cessait de faire la guerre à ces êtres éminemment utiles, la France récolterait plus de grain qu'il n'en faut pour sa consommation. Se décidera-t-on enfin à écouter d'aussi sages conseils? Car, quoi qu'en disent certaines gens à courte vue qui semblent croire que les trésors de la nature sont inépuisables, il n'y a pas de temps à perdre si l'on veut sauver quelques-unes de nos espèces les plus précieuses. Que fera notre pays lorsqu'il n'aura plus d'oiseaux? Il faudra à grands frais, au prix des plus pénibles efforts, en mettant en œuvre toutes les ressources dont la science dispose, combattre les Rongeurs, les insectes malfaisants et les reptiles qui pulluleront d'autant mieux qu'ils seront délivrés de leurs ennemis naturels. Les récoltes, déjà insuffisantes, diminueront encore et, à l'exemple des colons de la Nouvelle-Zélande, l'on songera peut-être alors à appeler de l'étranger quelques espèces auxiliaires pour remplacer celles dont on aura trop tard reconnu les mérites et dont, à un autre point de

Fauvette cisticole.

vue, l'absence se fera cruellement sentir. En effet, si nos espèces indigènes sont généralement assez bien connues, il n'en subsiste pas moins dans leur histoire certains points obscurs, que les naturalistes, n'ayant plus autour d'eux les sujets nécessaires à leurs études, devront renoncer à élucider. D'autre part, les oiseaux ne jouent pas seulement un rôle économique des plus importants, ils tiennent aussi une large part dans l'harmonie de la nature. « Le manteau d'air et d'eau qui enveloppe notre planète de ses plis silencieux, dit le Dr J. Franklin, dans la *Vie des animaux*, se trouve pour ainsi dire brodé par la variété de ces créatures aux mille plumages. Le taillis, la montagne, la profonde vallée, le fleuve, le lac, la surface dormante des marais, tout se réjouit, s'anime, s'afflige, se transforme, se vivifie par leur chant ou par leur vol capricieux. Le ciel en est charmé ; ils donnent une voix au silence ; ils tempèrent, par leurs ébats, l'âpre sérénité des grands espaces. Grâce à eux, la muette physionomie du règne végétal et minéral se remplit, pour ainsi dire, de sourires infinis. Ils sont les artistes de la nature. C'est dans la tribu de ces vagabonds de l'air qu'on trouve cet éclat de couleurs, ces nuances vives et tranchées, ces contrastes de tons, qui font en même temps la joie et le désespoir du peintre. La nature a épuisé sur leur plumage toutes les richesses de sa palette. Leurs nids sont des chefs-d'œuvre d'architecture ou d'industrie mécanique. Ils font avec un rien, un peu de paille et de duvet, une feuille morte, que sais-je encore ? ces petits monuments d'affection maternelle qui causent l'admiration et l'attendrissement des vrais naturalistes. »

Quelle ne sera pas la morne tristesse de nos campagnes lorsque les petits oiseaux auront disparu, quand le chant passionné du Rossignol ne rompra plus le silence des nuits de mai, quand, par les beaux jours d'été, l'Alouette ne piquera plus droit vers le ciel en

Rossignol.

lançant son joyeux *tire-lire*, quand, à l'arrière saison, le gentil Rouge-gorge ne fera plus entendre dans les halliers ses notes flûtées qui s'harmonisent si bien avec la mélancolie d'un paysage d'automne! Lors même que les oiseaux n'auraient d'autre utilité que de réjouir les gens, d'apporter un peu de joie aux déshérités de ce monde, nous devrions à tout prix les conserver. Comme le dit M. Lescuyer, « nous ne vivons pas seulement de pain et des autres produits de la terre, de tout ce qui se cote à la Bourse et au marché. La vie matérielle n'est qu'un moyen pour notre vie intellectuelle, et nous avons une soif insatiable de vrai, de beau et de bien. » Or, est-ce chercher le vrai que de méconnaître les plus sérieux intérêts de l'agriculture? Est-ce aimer le beau que détruire les harmonies de la nature? Est-ce faire le bien que de torturer et d'immoler des animaux utiles ou inoffensifs? De tels procédés, Buffon n'hésitait pas à le proclamer, sont une flétrissure pour les nations civilisées et Rousseau avait bien raison de déclarer que la chasse aux petits oiseaux endurcissait le cœur de ceux qui s'y livrent et les accoutumait à la vue du sang et à la cruauté. « Nous pourrions expliquer par les habitudes du braconnage, dit M. H. S., le nombre, toujours croissant, des insensés qui désertent les travaux des champs pour un métier, moins lucratif, il est vrai, mais plus facile et plus en rapport avec leur instinct de fausse indépendance. Malheur à l'homme qui abandonne la bêche pour le fusil! C'est le crime et la misère qu'il appelle inévitablement sur lui et les siens. »

Il est impossible, d'ailleurs, de soutenir que la chasse aux petits oiseaux fournit des ressources sérieuses à l'alimentation. M. Lescuyer a calculé en effet qu'un Pinson, vidé, dépouillé de ses os et de ses plumes, ne pesait que 11gr 60; un Rouge-gorge, 7gr 30; une Mésange à longue queue, 3gr 85; un Roitelet, moins encore, 2 grammes environ. Par conséquent le poids moyen de la chair d'un de ces Passereaux, que l'on prend communément dans les tendues, ne dépasse guère 6 grammes et une chasse, même des plus heureuses, ne fournit pas plus de 3 kilogrammes de viande ! Et c'est pour ce beau résultat que l'on sacrifie 500 oi-

Roitelet huppé.

seaux qui, eux et leurs petits, auraient détruit des *millions* d'insectes ! « Si l'on calcule, même au plus bas, disait M. Bonjean, combien de sacs de blé, de tonneaux de vin et d'huile représente une de ces *brochettes* dont il est d'usage de parer la table en certains pays, on demeurera convaincu que Lucullus, dans toute sa gloire, ne fit jamais repas si coûteux et que, pour trouver exemple d'un tel luxe, il faudrait remonter à la fameuse perle de Cléopâtre ».

Et ces dilapidations insensées se produisent alors que nos vignobles sont ravagés par le Phylloxéra, alors que la terre en Europe ne fournit pas assez pour nourrir les populations qui, dans diverses contrées, sont décimées par la famine, alors que la vie matérielle devient chaque jour plus coûteuse ! C'est surtout aux pouvoirs publics qu'il appartient de faire cesser cet état de choses en introduisant dans la législation les modifications nécessaires, en nous donnant, pour la protection des oiseaux, une loi analogue à celle qui a été promulguée pour la destruction des insectes nuisibles.

Cette loi ne tarderait pas à produire d'excellents effets. Nous pouvons hardiment le prédire d'après ce qui se passe en Angleterre, où le nombre des oiseaux sauvages s'est considérablement accru depuis la mise en vigueur de l'*Acte* assurant leur protection. « Ce qui « caractérise cet accroissement, dit le journal le *Che-* « *nil*, c'est l'abondance des Chardonnerets dans l'Ox- « fordshire. Il y a dix ans, on les regardait comme « une rareté en été. Le Pivert était autrefois très « pourchassé ; bien qu'il souffre beaucoup des hivers « rigoureux, il est aujourd'hui plus commun qu'il ne « l'était il y a dix ans. Les Sittelles, les Moineaux, les « Becs-fins, les Rubiettes croissent et se multiplient « de la façon la plus heureuse.

« Un fait à noter, c'est l'apparition d'un Rossignol « dans le village de Bloxham-Oxon. Les Rossignols

« étaient autrefois très communs dans ce village,
« puis, tout à coup, pour une cause inconnue, ils le
« désertèrent tous et, depuis quinze ans, on n'en
« avait pas vu un seul. Un autre Rossignol a pris ses
« quartiers près de Bodicote, où on n'avait pas vu un

Fauvette des roseaux.

« seul de ces oiseaux depuis vingt ans. A Oxford ils
« sont très nombreux, plus nombreux même qu'ils
« ne l'ont jamais été. Cela tient à ce qu'au mois d'a-
« vril, ils ont pu débarquer sur la côte Sud de l'An-
« gleterre, sans être traqués par les oiseleurs. Enfin,
« dans nos villages du Riding West du Yorkshire,
« depuis l'application de l'acte de protection, on a
« observé la présence de trente-et-une espèces d'oi-
« seaux sauvages. »

Dans une de nos chroniques du journal le *Temps*, M. de Cherville nous apprend, il est vrai, qu'un projet de loi en faveur des oiseaux insectivores vient d'être déposé sur le bureau du Sénat par M. Bizot de Fonteny, au nom de plusieurs de ses collègues. Dans ce projet se trouve, paraît-il, le texte suivant : « La capture et la destruction des petits oiseaux « autres que l'Alouette, par quelque moyen que ce « soit, fusil, filets, engins ou procédés quelconques, « sont formellement interdits.

« La mise en vente, l'achat, le transport et le col- « portage de ces petits oiseaux sont prohibés sur tout « le territoire français.

« Tout fait énoncé ci-dessus sera assimilé aux délits « énumérés dans l'article 11 de la loi du 3 mai 1844 « et sera passible des mêmes peines. »

Ce texte compléterait évidemment la loi de 1844 dont j'ai indiqué les regrettables lacunes ; il mettrait un terme à la plupart des abus dont M. Xavier Raspail se plaignait dans une note récente ; M. le Ministre de l'Intérieur, dont tout le monde se plaît à reconnaître les bonnes intentions, et qui s'efforce de réprimer la destruction des oiseaux insectivores, se trouverait désormais suffisamment armé pour faire cesser un état de choses qu'il est le premier à déplorer. Enfin, ces dispositions nouvelles, répondant aux vœux exprimés par quatre Congrès successifs, faciliteraient singulièrement la conclusion des conventions internationales qui ont été réclamées par ces mêmes Congrès.

Je me permettrai seulement de faire observer qu'il

sera absolument nécessaire d'introduire dans la nouvelle loi un paragraphe spécial interdisant aussi sévèrement l'enlèvement ou la destruction des nids et des œufs et la vente des poussins que la destruction des oiseaux adultes. Il me paraîtrait également injuste et dangereux de maintenir, au détriment de l'Alouette, la disposition formulée dans les paragraphes que je citais tout à l'heure. Pourquoi, en effet, autoriser implicitement la chasse, au moyen d'engins plus ou moins meurtriers, de l'Alouette, ou plutôt des diverses espèces d'Alouettes dont on constate déjà la diminution rapide? Ne serait-ce pas, du reste, ouvrir la porte à toutes sortes d'erreurs et de contestations?

Nid de Fauvette rousserolle.

Mais il sera temps de songer à tout cela quand le projet de loi viendra en discussion. Et j'ai bien peur que ce ne soit pas de sitôt! Aussi, en attendant, je voudrais que chacun de nous, dans sa sphère, s'efforçât d'atténuer les maux que je viens de signaler et de conjurer les dangers plus grands encore qui nous menacent. Que les chasseurs songent à ménager leurs ressources, en ne sacrifiant du gibier qu'une quantité constamment inférieure à la production annuelle, et qu'ils cessent d'éprouver leur adresse sur des animaux qui valent infiniment mieux qu'un coup de fusil. Que les propriétaires ruraux et les fermiers organisent des syndicats pour la protection des espèces auxiliaires à l'agriculture comme pour la destruction des espèces nuisibles ; qu'ils empêchent leurs enfants et les gens à leurs gages de détruire les nids abrités sous les toits des granges ou cachés dans les haies ; qu'ils offrent même au besoin aux petits oiseaux des retraites pour élever leur couvée. Ces retraites ne seraient ni coûteuses, ni difficiles à établir et pourraient consister tout simplement en boîtes percées d'un trou, en bûches creuses, en abris faits d'un vieux sabot, que l'on accrocherait aux arbres dans les forêts, les vergers et les jardins. En Allemagne, des nichoirs de ce genre ont puissamment contribué à favoriser la multiplication des Étourneaux et, en France, différents propriétaires n'ont eu qu'à se louer de l'emploi de semblables appareils.

Ainsi, dans un article consacré aux oiseaux insectivores et publié récemment par la *Revue des sciences naturelles appliquées,* M. J. Clerté raconte que, dans son jardin, planté de quelques massifs d'arbres et d'arbustes et terminé par un petit bois d'essences variées, il accroche, depuis dix ans, des bûches creuses à une vingtaine d'arbres et que, tous les ans, dans la plupart de ces bûches, les Mésanges de toutes sortes, les Rouges-queues, les Sittelles et les Torcols viennent nicher régulièrement, tandis que les Fauvettes, les Rossignols, les Accenteurs, les Hypolaïs ictérines et

Torcol vulgaire.

Bruants s'établissent dans les massifs. « Tous ces charmants petits hôtes, dit-il, comprennent qu'ils sont là en toute sécurité, chantent du matin au soir et me paient largement l'hospitalité que je leur accorde en purgeant mes arbres, mes légumes, mes fleurs, de la vermine qui les dévorait. »

De tels exemples mériteraient d'être suivis. Serait-ce trop demander aussi que de prier les charmantes dames qui viendraient à jeter les yeux sur ce petit livre et qui me feraient l'honneur de le lire, d'essayer de résister plus énergiquement aux caprices de la mode et de se contenter, pour l'ornement de leurs chapeaux, de ce qui plaisait à leurs aïeules? Quelques fleurs, une légère aigrette, une belle plume d'Autruche ne sont-elles pas infiniment plus seyantes que ces horribles Chouettes aux yeux de verre, ces grosses Mouettes, ces Hirondelles tristement écrasées, ces Oiseaux-mouches raidis par des fils de fer et tous ces Passereaux teints de couleurs voyantes ou fabriqués avec des lambeaux disparates par des marchands soucieux d'écouler leurs fonds de magasins?

Moyennant un léger sacrifice, nos élégantes sauveraient la vie de milliers d'êtres utiles et en même temps elles provoqueraient le développement de l'élevage des Autruches, industrie qui a déjà fait la fortune de la colonie du Cap et qui pourrait devenir une source de richesse pour l'Algérie. Elles ne feraient d'ailleurs que suivre l'exemple qui leur est donné par de nombreuses dames anglaises. Celles-ci viennent, en effet, de fonder une Société dont la Présidente est, si je ne me trompe, Madame la duchesse de Portland, et qui a pour but, sinon de supprimer, au moins de restreindre l'usage, comme objets de parure, des dépouilles des oiseaux utiles et notamment de nos espèces indigènes.

Combien il serait désirable aussi que des Sociétés protectrices, sur le modèle de celle qui vient d'être fondée dans le département de l'Yonne par M. le docteur Rabé, fussent instituées dans tous nos départements, où elles deviendraient des Conseils naturels des Préfets quand il s'agirait d'indiquer au Ministre des dates pour l'ouverture et la fermeture de la chasse, de prendre des mesures pour la conservation des espèces utiles!

Dès maintenant les Conseils généraux ne devraient-ils pas, comme le demande M. de Cherville, être unanimes à exprimer des vœux réclamant ces mesures protectrices, alors surtout que les agriculteurs, directemeut intéressés dans la question, forment souvent la majorité dans ces assemblées? Tout récemment (et ce m'est un vrai plaisir de le constater, car il s'agit précisément d'une des régions de la France où les tendues font le plus de victimes), dans le département de Meurthe-et-Moselle, le Conseil général, à la suite d'un Rapport de M. le baron d'Hamonville, a émis *à l'unanimité* le vœu que le premier paragraphe de l'article 9 de la loi du 3 mai 1844 fût supprimé par une loi, dans le plus bref délai possible, que le Gouvernement voulût bien, dès à présent, recommander à tous les Préfets de ne plus prendre d'arrêtés autorisant la capture en masse des petits oiseaux et faire respecter la loi pour ce qui concerne soit le dénichage, soit la chasse de

Héronnière.

ces petits êtres en temps de neige. Pour propager dans le public, et surtout parmi les agriculteurs, des notions d'histoire naturelle pratique si nécessaires et malheureusement encore si peu répandues, il faudrait aussi organiser dans les grandes villes et même dans les chefs-lieux de canton une série de conférences semblables à celles que M. Lamquet, adjoint au Maire de Montmartre, a faites à Auxerre, pendant que ce petit livre était à l'impression, et dans lesquelles il a fait ressortir la nécessité de la conservation des oiseaux insectivores au point de vue agricole, national et social.

Quelques inspecteurs d'Académie ont déjà réussi, je le sais, à provoquer, parmi les maîtres et les élèves de leur ressort, des associations pour la protection des oiseaux et de leurs couvées; beaucoup d'instituteurs, je ne l'ignore pas, s'inspirant des recommandations si sages contenues dans diverses circulaires du Ministère de l'Instruction publique, enseignent déjà à leurs élèves le respect des lois sur la chasse et la police rurale et leur apprennent à reconnaître les mammifères et les oiseaux utiles, les rongeurs et les insectes nuisibles; mais il faut que tous les maîtres tiennent également à cœur cette partie de leur tâche et démontrent la vérité de cette parole de Michelet, que je voudrais voir gravée en lettres d'or dans les écoles : « L'oiseau peut vivre sans l'homme, mais l'homme ne peut vivre sans l'oiseau ». Il faut que, de leur côté, les parents s'efforcent d'inculquer à leurs enfants des idées d'humanité et de justice. Mais c'est sur les enfants surtout que je compte pour réaliser le progrès rêvé, c'est à eux que je veux faire particulièrement appel en terminant ce petit livre. Ils comprendront que c'est une véritable lâcheté que d'abuser de leur force pour opprimer des animaux sans défense, une cruauté sans excuse que de torturer des êtres qui sont capables de sentir, d'aimer et de souffrir comme nous, et ceux-là même qui s'étaient faits, inconsciemment peut-être, les bourreaux des oiseaux deviendront, je l'espère, leurs plus ardents défenseurs.

BIBLIOTHÈQUE INSTRUCTIVE

Collection de vol. in-16 illustrés, broch. 2 fr. 25
Cartonnés en toile rouge avec plaques or et noir, tr. dor., 3 fr. 50

La grande Pêche (Les tortues de mer, les animaux inférieurs), par le Dr H.-E. SAUVAGE, directeur de l'établissement aquicole de Boulogne-sur-Mer. 1 vol., 70 gravures.

Tortues de mer et écaille. — Crustacés. — Pourpre des anciens. — Huître. — Moule. — Nacre et perles. — Corail. — Eponge.

La grande Pêche (Les Poissons), par le Dr H.-E. SAUVAGE (2e édit.) 1 vol., orné de 87 gravures.

Raies et squales. — Esturgeon. — Thon. — Maquereau. — Morue. — Hareng. — Sardine. — Anchois. — Saumon. — Anguille.

Le Combat pour la vie (*L'esprit des petites bêtes et des poissons*), par O. DE RAWTON. 1 volume orné de 90 gravures sur bois.

Plantes carnivores. — Les infiniment petits. — Ténias et trichines. — Sous les eaux. — Les insectes. — Les araignées.

Les Invisibles, par FABRE DOMERGUE, docteur ès sciences. 1 volume illustré de 120 gravures.

Rhizopodes à coquille. — Radiolaires. Champignons et moisissures. — Microbes. — Diatomées. — Nostocs. — Infusoires. — Flagellés, coloration et phosphorescence des eaux. — Paramœcies. — Stentors. — Poux de l'hydre, trichodines, vorticelles. — Epistyllis de la paludine. —. Chasseurs. — Vampire. — Dyciémides. — Eponges. — Hydres. — Bryozoaires. — Anguillules, trichines. — Rotifères. — Articulés, tardigrades, pycnogonides. — Acariens. — Crustacés microscopiques. — Comment on se sert d'un microscope.

Les Insectes nuisibles à l'agriculture et à la viticulture (Moyens de les combattre), par E. MENAULT, 2e édition. 1 volume orné de 105 gravures sur bois.

Les Plantes qui guérissent et les Plantes qui tuent, par O. de RAWTON. (2e édition). 1 volume illustré de 130 gravures sur bois.

La Mer, par A. DUBARRY. 1 volume orné de 90 gravures.

Les courants. — L'air. — Agitation de la mer. — Action érosive de la mer. — Profondeur, couleur et salinité de la mer. — Température de la mer. — Faune et flore de la mer. — Monstres de la mer. — Les infiniment petits. — Les faiseurs d'îles. — Les atolls. — Les pluies. — Origines de la marine. — Marine de guerre et marine marchande. — Les marins. — Baigneurs et pêcheurs.

Le Boire et le Manger, par ARMAND DUBARRY. 1 volume orné de 126 gravures sur bois.

Le pain. — La viande. — Le lait. — Les légumes. — Les fruits. — Les condiments. — Les boissons (eau, vin, vinaigre, bière, cidre et poiré, alcool, liqueurs).

L'Homme blanc au pays des Noirs, par J. GOURDAULT. 1 volume illustré de 70 gravures sur bois et accompagné d'une carte de l'Afrique.

L'Algérie, par le Dr F. QUESNOY (2e édit.). 1 vol. orné de 100 gravures sur bois et 1 carte.

Limites. — Tell. — Régions des hauts plateaux, les steppes. — Le Sahara. — Météorologie. — Histoire naturelle. — Histoire. — Peuple primitif, peuple actuel. — Etat moral des indigènes. — Etat actuel de l'Algérie.

LES CHASSES DE L'ALGÉRIE *et notes sur les Arabes du Sud,* par le général MARGUERITTE. (4e édition.) 1 volume orné de 65 gravures sur bois.

La Nouvelle-Calédonie et les Nouvelles-Hébrides, par H. LE CHARTIER, ancien commissaire du gouvernement pour l'immigration à la Nouvelle-Calédonie et aux Nouvelles-Hébrides. 1 vol., 45 gravures et 2 cartes.

La Nouvelle-Calédonie et ses dépendances. — Ile des Pins. — Iles Loyalti. — Archipel des Nouvelles-Hébrides.

La Chine, *d'après les voyageurs les plus récents,* par V. TISSOT. (2e édition). 1 volume orné de 65 gravures sur bois.

La route. — Canton. — Hong-Kong. — Formose. — Fou-Tchéou. — Shanghaï. — Le fleuve Bleu. — De Shanghaï à Pékin. — Pékin.

Le Japon, par G. DEPPING, bibliothécaire à la bibliothèque Sainte-Geneviève (2e édition). 1 volume orné de 47 gravures et d'une carte.

Tahiti et les Colonies françaises de la Polynésie, par H. LE CHARTIER, ouvrage précédé d'une lettre-préface par M. FERD. DE LESSEPS. 1 vol., 23 gravures et 2 cartes.

Madagascar, par H. LE CHARTIER et G. PELLERIN. 1 vol., orné de 60 gravures et d'une carte.

L'Égypte, par J. HERVÉ. 1 volume illustré de 87 gravures sur bois et accompagné de deux cartes.

LES PRINCIPAUX TYPES DES ÊTRES VIVANTS

Des cinq parties du monde, atlas in-4, contenant 582 gravures (races humaines, faune et flore), à l'usage des Lycées, Collèges, Ecoles primaires et de tous les établissements d'instruction, accompagné d'un texte explicatif, formant un volume in-16, par M. EDMOND PERRIER, professeur au Muséum d'histoire naturelle. Prix de l'atlas et du volume cartonnés . . . . 6 fr.

www.ingramcontent.com/pod-product-compliance
Ingram Content Group UK Ltd.
Pitfield, Milton Keynes, MK11 3LW, UK
UKHW051021210726
13857UKWH00007B/1081